YOU CAN CODE

编程小达人

［英］凯文·派特曼/著 张帆/译

哈尔滨出版社
HARBIN PUBLISHING HOUSE

黑版贸审字08-2019-128号

图书在版编目（CIP）数据

编程小达人 / (英) 凯文·派特曼 (Kevin Pettman)
著; 张帆译. — 哈尔滨：哈尔滨出版社，2020.1
书名原文：You Can Code
ISBN 978-7-5484-4837-2

Ⅰ.①编… Ⅱ.①凯… ②张… Ⅲ.①程序设计—儿
童读物 Ⅳ.①TP311.1-49

中国版本图书馆CIP数据核字（2019）第188330号

YOU CAN CODE
By
Kevin Pettman

书　　名：编程小达人
BIANCHENG XIAO DA REN

作　　者：[英]凯文·派特曼　著
译　　者：张　帆
责任编辑：杨浥新　韩金华
责任审校：李　战
封面设计：源画设计室

出版发行：哈尔滨出版社（Harbin Publishing House）
社　　址：哈尔滨市松北区世坤路738号9号楼　　邮编：150028
经　　销：全国新华书店
印　　刷：哈尔滨市石桥印务有限公司
网　　址：www.hrbcbs.com　　www.mifengniao.com
E-mail：hrbcbs@yeah.net
编辑版权热线：（0451）87900271　87900272
销售热线：（0451）87900202　87900203
邮购热线：4006900345　（0451）87900256

开　　本：889mm×1194mm　　1/16　　印张：5　　字数：72千字
版　　次：2020年1月第1版
印　　次：2020年1月第1次印刷
书　　号：ISBN 978-7-5484-4837-2
定　　价：49.80元

凡购本社图书发现印装错误，请与本社印制部联系调换。
服务热线：（0451）87900278

YOU CAN CODE

编程小达人

[英] 凯文·派特曼 / 著　　张帆 / 译

哈尔滨出版社
HARBIN PUBLISHING HOUSE

目　录

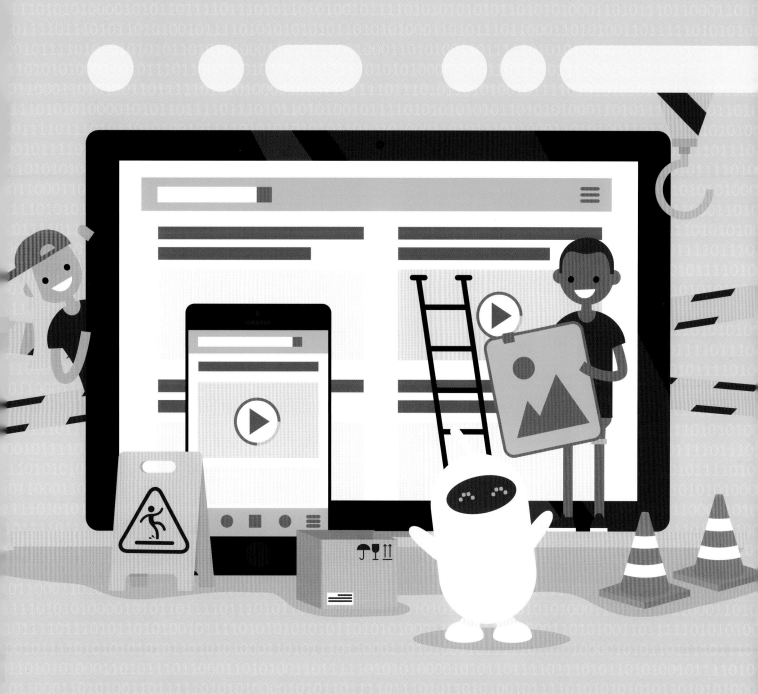

什么是编写代码？

代码指一系列可以被电脑执行的指令。电脑没有编写代码的本领，所以我们必须亲自操刀。编写代码又叫作编程。所以说，程序员是向电脑发号施令的人。

在向电脑发号施令的时候，程序员必须保证自己给出的指令简单易懂，能够让电脑一步一步地执行。想象一下，如果程序员把游戏控制器的代码写错了，结果玩家按下"左"键的时候，游戏中的人物反倒跑到了右边，按下"右"键的时候，却又发现人物跑到了左边，一定会很恼人吧！必须保证代码不出现任何错误，才能得到预期的运行效果。

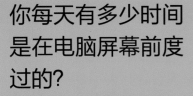

你每天有多少时间是在电脑屏幕前度过的？

在学校用笔记本电脑做功课……

在家玩电视游戏……

用平板电脑看视频……

用手机发信息……

怎么样，实际时间比你想象的时间还要长得多吧！

不仅如此，日常生活中的许多物件，例如电子玩具、洗衣机、电子表、交通信号灯、超市结账用的扫描仪，也全都用到了电脑！

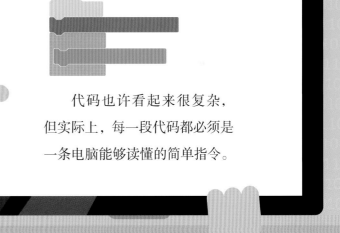

代码也许看起来很复杂，但实际上，每一段代码都必须是一条电脑能够读懂的简单指令。

破解代码的秘密

英国数学家阿达·洛芙莱斯是人类历史上的第一位程序员。1842年时，她提出理论，认为只需在不起眼的卡片上打上小孔，就可以令其成为计算机的部件。

只不过，你也没必要知难而退，因为并不是只有电脑天才才能成为程序员。现在摆在你面前的就是一本深入浅出的编程指南，能够让你了解编程的基本原理，之后更是会教你编写虽然简单，却十分有趣的代码。你将学会编写游戏，并为游戏添加音效、特效、动画、音乐，以及许多其他有趣的功能。

那么，你能学会编码吗？当然了，你肯定没问题的！

Scratch

Scratch 算得上是最简单的编程语言了，所以将 Scratch 作为入门语言，为大家开启编程之旅，是再合适不过的了。本书大部分妙趣横生，令人乐在其中的程序都是使用 Scratch 编写的。

本书深入浅出，可以让你不费吹灰之力就学会 Scratch 的编程技巧，并体会到其中的乐趣。

世界性的大成功

Scratch 于 2007 年面世，供全球的程序员使用，到目前为止，已经在 150 多个国家拥有超过 3500 万的使用者，其操作界面更是被翻译成了 40 多种语言。

关于 Scratch 的五大真相

1 Scratch 十分简单，但又十分强大。使用 Scratch 时，程序员（也就是你！）不需要输入字母、数字、符号，只需单击不同颜色的积木，将其拖拽至恰当的位置，便可大功告成。

2 Scratch 是一款免费软件！所以说，上百万的 Scratch 使用者不用花一分钱，就可以尽情用 Scratch 运行、编写、保存程序。

3 Scratch 的开发者是美国麻省理工学院（MIT）媒体实验室的科学家，他们每个人都才华横溢，聪明绝顶。

4 用 Scratch 编写游戏时，程序员通常都会先在屏幕上摆放人物或对象。在 Scratch 中，我们将这些人物或对象称为"角色"。

5 你可以加入 Scratch 社区，与他人分享自己编写的程序。你还可以通过复制、添加新元素的方式，来"再创作"别人编写的程序。最后，Scratch 更是可以让你关注自己最喜欢的Scratch 程序员，了解他们的最新动态。

python

为何要止步于 Scratch 呢？也尝试一下 Python 吧！

除了 Scratch，本书从第 58 页开始，还介绍了另一种名为 Python 的编程语言。虽然 Python 与 Scratch 不同，没有将积木作为编程手段，而是使用了文字，但它也仍然是一种简单易懂的编程语言。现在，相信你已经做好了准备，可以开始学习 Scratch 了。那么，就请翻到下一页，开始奇妙的编程之旅吧！

安装 Scratch

Scratch 官方网站的网址是 https://scratch.mit.edu。只要通过互联网连接到这个网站，就可以使用 Scratch 了。我们将这种使用方式称为"在线"方式。当然了，你也可以"离线"使用 Scratch。如果想要采用"离线"的使用方式，就必须先连接互联网，将 Scratch 离线编辑器下载到电脑或平板电脑上，而这样做的好处在于，从此往后，即便没有连接互联网，你也可以尽情地使用 Scratch。

在 线

前往 Scratch 的主页，将鼠标的光标移到屏幕的上方，单击"加入 Scratch 社区"。为自己起一个 Scratch 的用户名，再想一个你自己记得住的密码（如果你觉得这一步有点困难，就请找大人来帮忙）。完成上述步骤后，单击"创建"，就可以用 Scratch 编写程序了。

SCRATCH　创建　发现　创意　关于　🔍 搜索

创作故事、游戏和动画

与世界上的其他人分享

⚓ 开始创作　⚡ 加入

https://scratch.mit.edu

用户名：

密码：

获得 Scratch 的使用许可

不要忘了，在开始使用 Scratch 前，一定要获得父母、监护人或电脑所有者的许可。

STOP

离　线

加入 Scratch 之后，将鼠标移动至屏幕下方，单击"离线编辑器"，开始下载 Scratch 的桌面软件，下载完成后，单击软件安装包安装即可。完成安装后，你就可以前往电脑的应用界面，运行 Scratch 了。

Scratch3.0 为媒体实验室在 2019 年 1 月发布的版本，书中所有的说明均与 3.0 版相对应。Scratch2.0、Scratch1.4 问世时间较早，与 3.0 版稍有差异。

Scratch 之所以被称为 Scratch，是因为它的开发者受到了说唱歌手及 DJ 所用的打碟技术的启发。Scratch 的编程语言允许你复制他人编写的程序，像 DJ 打碟那样，把它再创作成属于你自己的版本。

你的弟弟妹妹也许会想要跟随你的脚步，也成为 Scratch 程序员……但如果他们还只是小婴儿，那么使用 Scratch 还为时尚早。

幼儿用户

按照设计初衷，Scratch 的用户群体是年龄在 8 ~ 16 岁之间的青少年，但实际上，所有人都可以使用 Scratch。然而，我们还是建议幼儿用户前往 www.scratchjr.org，使用更为简单的幼儿版 Scratch——ScratchJr。

Scratch 界面指南

单击"创建"之后，你的屏幕就应当变成右下方的样子。这就是 Scratch 的用户界面，也是你编写代码，创建程序的场所。

代码标签

单击"代码"标签，便可以看到积木调色板。单击积木调色板上不同颜色的按钮，例如运动、外观，就可以找到对应组别的积木了。

积木调色板

积木调色板位于界面的最左侧，单击不同颜色的按钮，就可以拖拽对应的代码积木了。

书包

书包位于界面的底部，作用为储存角色、声音和脚本。单击"书包"按钮，便可以将上述内容拖拽到书包中保存。你可以将书包中保存的内容拖拽到其他的程序中，使用起来十分简便。如果书包没有打开，只需单击"书包"，就可以展开书包界面了。

教程

教程包含了一些简单有用的视频，展示了如何编写代码、创建程序。

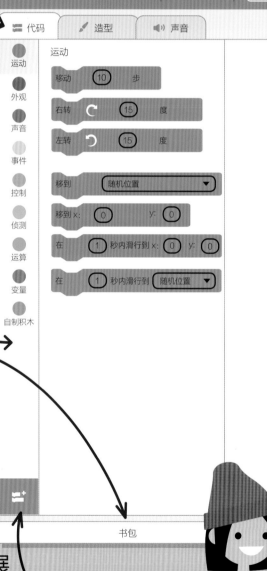

添加扩展

单击"添加扩展"按钮，便可进入扩展库，可以从中选择包括音乐、LEGO 等在内的诸多全新积木组别。

脚本区

脚本指一系列由积木组成的指令。脚本区位于屏幕的正中央，其作用是，提供一个可以向其中拖拽积木，组成脚本的区域。

单击绿色的旗帜，便可以启动（运行）程序,而单击红色的按钮则可以停止程序的运行。

舞台区

舞台区位于界面的右上角，其作用为，容纳程序员添加的角色、背景图片、声音等，同时也是展现你编写的游戏及程序的运行状况的区域。

保存代码!

Scratch3.0 拥有自动保存功能，会在你编程的过程中保存你的工作进展。此外，你还可以手动保存，方法为单击"文件"，然后再单击"立即保存"。

查看作品页面 dynamo

角色 角色1 ↔ x 0 ↕ y 0

显示 👁 👁 大小 100 方向 90

角色1

舞台

背景
1

角色区

角色区的作用是管理、创建、编辑程序员添加的角色(人物、物品、字母等)。单击角色区右下角的角色列表，即可添加角色。

背景

单击背景按钮，即可从背景库中选择需要添加的背景。

上述内容只是一点儿让你开启 Scratch 之旅的基本知识，Scratch 还有大量有趣、酷炫的功能等着你去发掘呢!

聚焦角色

嘿，快来见识一下我的新本领！

噢，真了不起！

角色是 Scratch 最重要的组成部分，而角色区则是你处女秀的舞台，因为你马上就要在角色区创建属于你自己的第一个简单程序了。只需编写向角色下达指令的脚本，就可以让角色动起来，甚至还可以让它发声、说话、与使用者互动和改变外貌。

➤ 角色区

每次创建新项目时，角色区都会出现一只橙色的小猫。Scratch 会自动将这只小猫命名为角色1，但只要用鼠标选定"角色1"这三个字，就可以输入一个更有意思的名字了。

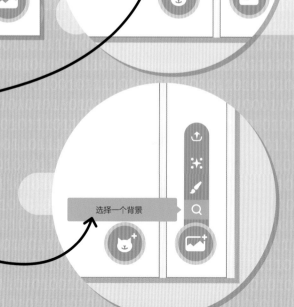

将鼠标移动到蓝色背景、白色图案的"选择一个角色"按钮，然后单击放大镜，就可以添加角色了。你会发现，角色列表中有数百个可供选择的角色。随意单击列表中一个角色，它便会出现在小猫的旁边。如果想要删除角色，就请用鼠标选定角色，然后单击角色右上角蓝色小圆圈中的"×"。

如果想选择背景，就请把鼠标移至背景按钮的上方，然后单击放大镜。单击名为"Forest"的背景，你就会发现，舞台上的背景变成了一片森林。

➤ 代码区

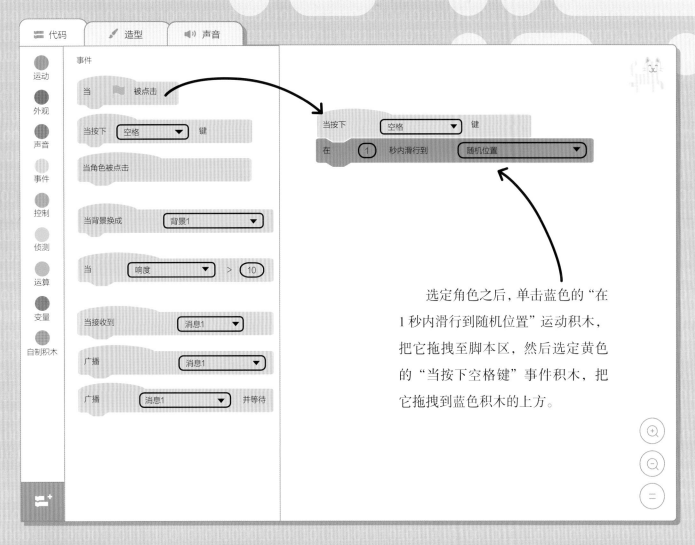

选定角色之后，单击蓝色的"在 1 秒内滑行到随机位置"运动积木，把它拖拽至脚本区，然后选定黄色的"当按下空格键"事件积木，把它拖拽到蓝色积木的上方。

➤ 舞台区

单击绿色的"运行"旗帜，然后按下键盘上的空格键。你会发现，只要一按下空格键，你添加的角色就会随机地在屏幕上四处移动。将鼠标移至角色区的右上方，单击画有四个外向箭头的图标，就可以放大角色区了。

接下来，你就可以与这个简单的小程序玩耍一会儿，进一步熟悉 Scratch 的界面了。

你可以改写（编辑）自己刚刚编写的脚本，方法既可以是拖走原有的积木，也可以是拖入新的积木。右键单击积木，然后选择"删除"选项，或者直接把积木拖回积木调色板，都可以起到删除单个积木的作用。下面，让我们尝试如下操作……

将橙色的"重复执行"控制积木拖拽到脚本区，然后将"在1秒内滑行到随机位置"的蓝色运动积木嵌入其中。单击蓝色积木上的"随机位置"，将其改为"鼠标指针"。

单击绿色的"运行"旗帜，然后按下空格键，之后在舞台区的范围内移动鼠标指针。此时，你就会发现，小猫会跟随鼠标指针四处移动。橙色的"重复执行"控制积木的作用是，只要鼠标的位置发生了变化，小猫就会一直紧跟其后。

此外，你还可以向橙色的"重复执行"控制积木中嵌入紫色的"说你好！2秒"外观积木、蓝色的"右转15度"运动积木。

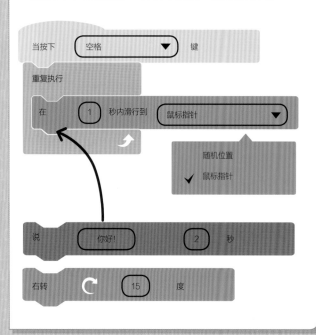

创建新项目

单击"文件"，然后选择"新作品"，便可以开始编写新的脚本了。你可以前往屏幕顶端的文本框，为这个简单的项目起个名字。

开始新项目后，你需要向舞台区添加新的角色、新的背景。这一次，我们将会用到名为 Shark 2 的角色，以及名为 Underwater 1 的背景。

1 单击角色，然后将黄色的"当按下空格键"事件积木拖入脚本区。我们要实现的目的是，用键盘上的方向键改变鲨鱼的位置。

2 将黄色事件积木中的"空格"改为"上箭头"。将另一个黄色的"当按下空格键"事件积木拖入脚本区，然后把"空格"改为"下箭头"。

3 将蓝色的"将 y 坐标增加 10"运动积木拖入脚本区，置于第一个黄色事件积木的下方。把另一个蓝色的"将 y 坐标增加 10"运动积木拖入脚本区，置于第二个黄色事件积木的下方，之后把这个蓝色积木中的"10"改为"−10"。完成上述步骤之后，你就可以用上箭头键、下箭头键令鲨鱼上下移动了。

4 那么我们应当如何令鲨鱼左右移动呢？首先向脚本区拖入另外两个黄色的"当按下空格键"事件积木。将其中一个黄色积木的"空格"改为"右箭头"，然后在下方放置一个蓝色的"将 x 坐标增加 10"运动积木。将另一个黄色积木的"空格"改为"左箭头"，然后在下方放置另一个蓝色的"将 x 坐标增加 10"运动积木。与第三步一样，我们也需要把这个蓝色积木上的数值改为"−10"。

5 完成上述步骤后，鲨鱼就可以左右移动了。不要忘了，要单击绿色的旗帜，程序才会开始运行。

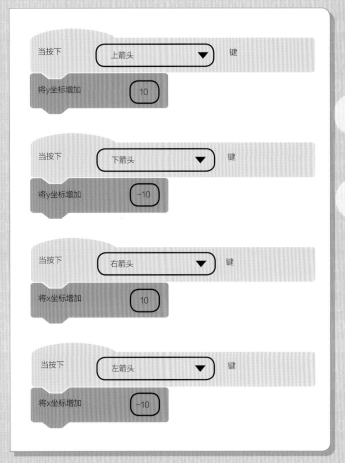

当按下 上箭头 键
将 y 坐标增加 10

当按下 下箭头 键
将 y 坐标增加 −10

当按下 右箭头 键
将 x 坐标增加 10

当按下 左箭头 键
将 x 坐标增加 −10

在脚本区编写代码时，并不一定必须把所有的积木都拼在一起，才能准确地向电脑下达指令。本项目的四段脚本虽然各自独立，但电脑却依旧可以正常地执行它们给出的指令。

小伙伴们，提起精神来！

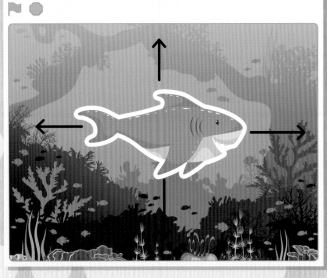

让角色动起来

现在，你已经创建了一条可以按照箭头键的指令四处游动的鲨鱼，接下来我们是不是可以在项目中添加一个对象（角色），给鲨鱼一个追逐的目标呢？听起来够吓人的吧？但这其实很简单！

1 单击"选择一个角色"按钮，然后选择名为 Fish 的角色。

2 在角色区选中该角色，然后将蓝色的"在 1 秒内滑行到随机位置"运动积木拖入脚本区。然后，拖入橙色的"重复执行"控制积木，把蓝色的积木嵌入其中，之后再把黄色的"当绿色旗帜被点击"事件积木置于橙色积木的上方。完成上述步骤后，小鱼就可以在舞台区内四处游动了。

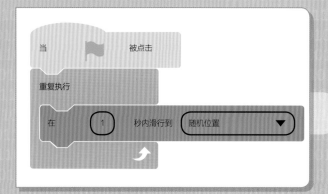

3 单击角色区中的"Shark 2"角色。我们可以改变角色的外观、姿态。将紫色的"换成 shark2-a 造型"外观积木拖入脚本区。

4 在紫色积木的下方放置橙色的"等待 1 秒"控制积木，然后再在橙色积木的下方放置紫色的"换成 shark2-a 造型"外观积木，将其中的"shark2-a"改为"shark2-b"。最后，在第二个紫色的积木下方放置另一个橙色的"等待 1 秒"控制积木。

5 拖入橙色的"重复执行"控制积木，将前两步拖入的所有积木嵌入其中，然后再在橙色积木的上方放置黄色的"当绿色旗帜被点击"事件积木。运行脚本后，你就会发现，鲨鱼的嘴一张一合，动了起来。

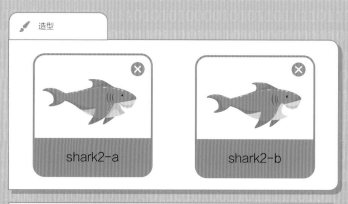

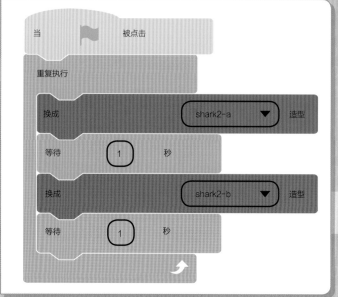

用箭头键控制鲨鱼在舞台上来回游动，你就能看到它张着大嘴，追得小鱼四处逃命了！

改变数字

　　使用 Scratch 编程时，程序员可以改变与角色积木相关联的值和数字。举例来说，在这个水下的场景中，我们可以将蓝色的积木改为"在 5 秒内滑行到随机位置"，从而降低小鱼的游动速度。此外，我们还可以改变每次按下方向键时鲨鱼 x、y 坐标值的变化量，这样一来，我们既可以增加鲨鱼每次游动的距离，又可以减少它每次游动的距离。

自动移动

　　我们可以利用脚本，让鲨鱼张着大嘴，对小鱼紧追不舍。这样一来，你就不用亲自控制鲨鱼了。用鼠标选定"Shark 2"角色，删除使用键盘按键控制鲨鱼的指令，然后拖入右侧展示的指令，但需要注意的是，应当将移动步数从 10 步减少至 5 步，或者 3 步。

加入对话框

　　如果你想让鲨鱼拥有对话泡泡，只需拖入紫色的"说你好！"外观积木，把它置于紫色的"换成 shark2-a 造型"外观积木的下方。拖入另一个紫色的"说你好！"外观积木，把它置于紫色的"换成 shark2-b 造型"外观积木的下方。如果你想让场景变得更加生动，还可以把外观积木上的文字"你好！"改成"开饭了！"

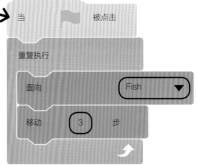

关于角色的七大秘诀

既然你已经掌握了与角色相关的基本知识，那么下面列出的这些特殊的小提示就肯定能让你如虎添翼！

➤ 调整大小

我们可以随意调整角色的大小。选定一个角色，然后改变"大小"文本框中的数字，你就会发现，舞台上角色的个头儿发生了变化。

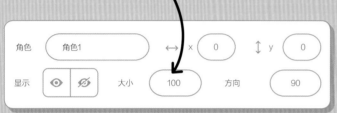

| 角色 | 角色1 | ↔ x | 0 | ↕ y | 0 |
| 显示 | 👁 🚫 | 大小 | 100 | 方向 | 90 |

➤ 创建属于自己的角色

你可以上传自己喜欢的角色图片。

把鼠标移动至"选择一个角色"按钮的上方，然后单击最上方的"上传角色"选项，就可以从电脑中选择想要上传的图片了。

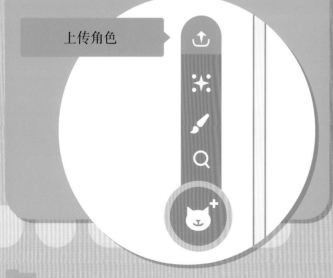

上传角色

➤ 躲猫猫

选定一个角色，然后按下图展示的方法编写脚本。运行脚本，你就会发现，角色会从背景中消失，之后又重新出现。将橙色控制积木上的等待秒数改为5。

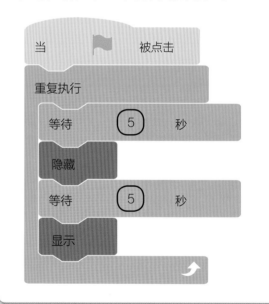

当 🚩 被点击
重复执行
  等待 5 秒
  隐藏
  等待 5 秒
  显示

➤ 最爱

如果你对某个角色及其脚本十分中意，就可以把这个角色复制下来。这是一件十分容易的事情。用鼠标右键单击角色，等到"复制、导出、删除"这三个选项出现后，选择"复制"即可。

➤ 转圈圈

我们可以让角色转起来，不管是顺时针，还是逆时针，都不在话下。将"右转 15 度"积木嵌入"重复执行"积木，然后再在上方添加一个"当绿色旗帜被点击"积木。如想增大或减小旋转的速度，就请改变旋转积木上的旋转角度。

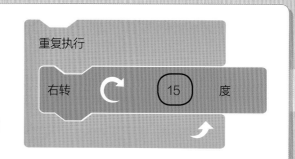

➤ 艺术细胞

我们可以编辑角色的外观。单击界面左上角的"造型"标签，你就会发现各种造型工具，例如标有画笔的图标，标有字母"T"用来为角色添加文本的图标。举例来说，你可以编辑小猫的角色，让它变得个头儿更大、眼睛更圆。

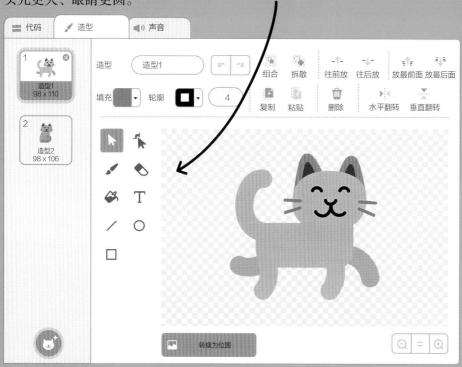

➤ 先来后到

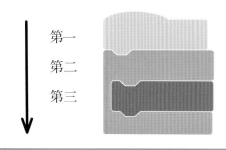

第一
第二
第三

脚本无一例外，全都会按照由上至下的顺序运行。换言之，位于顶端的积木是电脑接收到的第一条指令，而位于底部的积木则是电脑接收到的最后一条指令。

听起来棒极了！

音效可以令追逐游戏变得更加有趣，让动画显得更加震撼，或者只是让角色发出傻呵呵的声音。

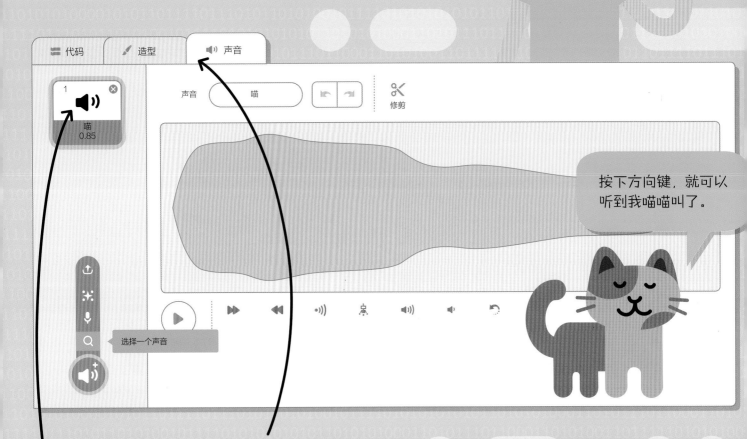

按下方向键，就可以听到我喵喵叫了。

选择一个声音

选择角色，然后单击"声音"标签，再把鼠标移动到位于界面左下角的喇叭按钮那里。单击"选择一个声音"选项，便可打开声音库，之后把鼠标移动到不同图标的上方，就可以听到各式各样的音效了。

单击任意一个音效，就可以把它添加到声音界面的左侧。我们可以选择回声、机器人之类的音效，但这些都是我们之后将会用到的音效，先别着急选。选择其他四种音效，然后单击"代码"标签，并且创建一个新的项目。

边听边学

每一个角色都有一个与之对应的声音。向角色列表添加一些角色，看看这些角色都会发出什么样的声音，会演奏什么样的音乐。

发出声音

　　选择你喜欢的角色、背景，然后按照第 17 页上介绍的为鲨鱼编写脚本的方法，编写下列脚本。这一次的不同之处在于，你需要在每一段脚本的下方添加紫色的"播放声音喵"声音积木，然后从你刚才选择的四种音效中选出一个，替换积木上的"喵"。

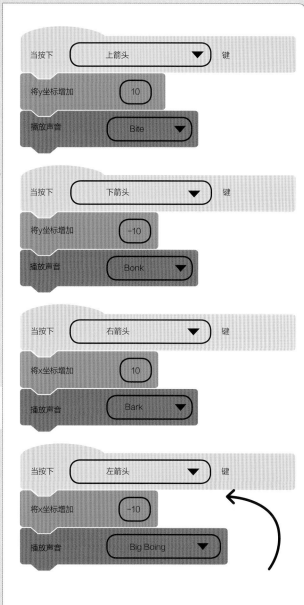

　　完成上述脚本后，只要按下方向键，控制角色移动，你就会发现它在向左、向右、向上、向下移动的过程中会发出不同的声音了。

声音与移动

　　在配备了麦克风的电脑上，我们可以编写出让 Scratch 侦测声音的脚本，这样一来，只要一侦测到声音，角色就会做出相应的动作。

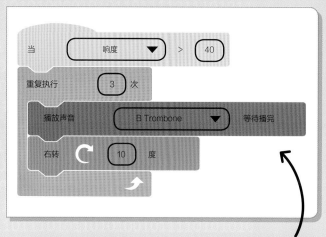

　　创建一个新项目，使用名为 Cassy Dance 的角色，以及名为 Spotlight 的背景。按照上图的指示编写脚本，将黄色的"当响度 >10"事件积木用作脚本的第一条指令，然后把响度从 10 调整为 40。拖入紫色的"播放声音等待播完"声音积木，然后添加一个声音（这里我们使用了名为 B Trombone 的声音）。完成本脚本后，只要 Scratch 侦测到了声音，角色就会随着音乐旋转起来。

迷宫大挑战！

现在，你已经做好了充分的准备，可以进一步拓展使用 Scratch 编程的知识，创建另一个十分有趣的脚本了！在本项目中，你将学习如何编写迷宫游戏。

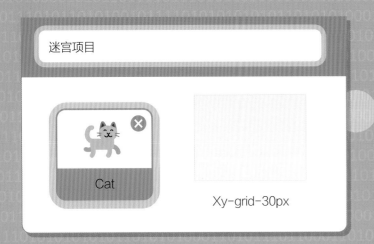

迷宫项目

Cat

Xy-grid-30px

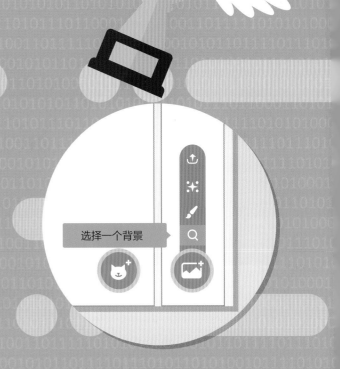

选择一个背景

1 单击界面左上角的"文件"，然后选择"新作品"。将鼠标移动到写有默认项目名称的文本框，输入新的项目名称，例如"迷宫项目"。

2 进入背景库，选择名为"Xy-grid-30px"的背景。将小猫放置到舞台的左上角，然后把它的大小设置为 15～30 间的数值，让它能够顺利地进入迷宫！

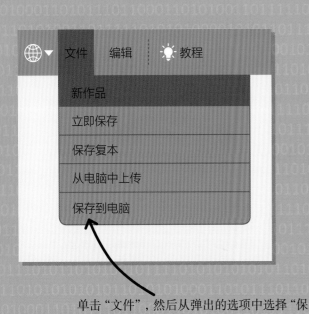

单击"文件"，然后从弹出的选项中选择"保存到电脑"，就可以保存刚刚创建的项目了。

代码　背景　声音

3 单击背景舞台（界面的右下角），然后选择"背景"标签（界面的左上角），就可以开始绘制迷宫了。我们要使用同一种颜色的直线绘制迷宫。在这里，我们将使用黑色的直线，方法为单击"填充"标签，然后将"颜色""饱和度""亮度"这三个选项的数值均设置为 0。

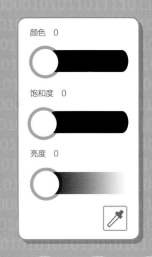

颜色 0

饱和度 0

亮度 0

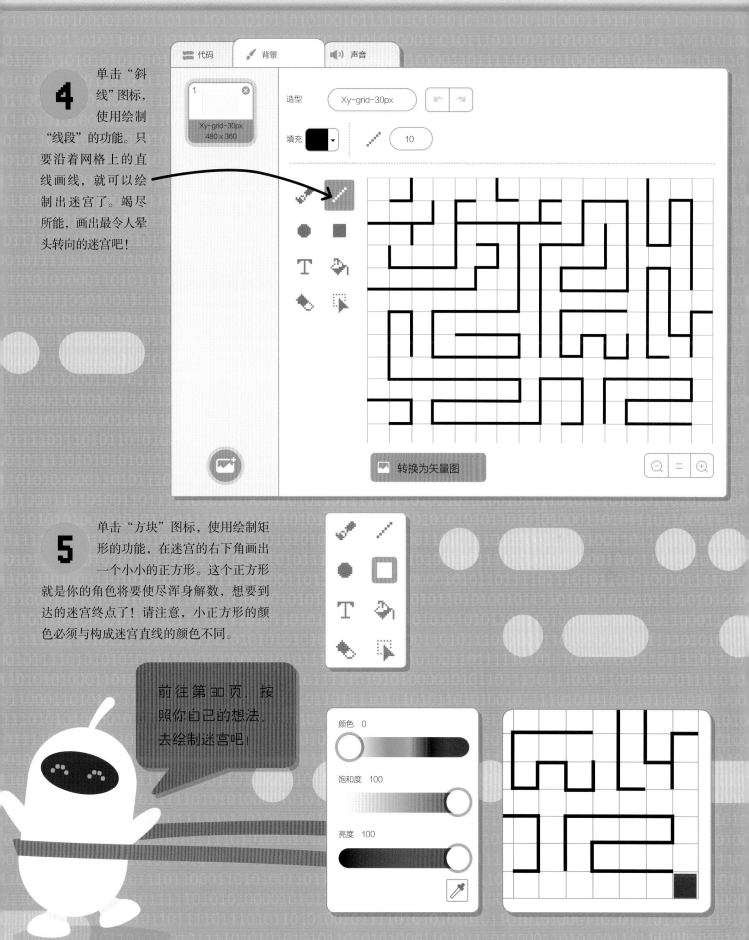

4 单击"斜线"图标，使用绘制"线段"的功能。只要沿着网格上的直线画线，就可以绘制出迷宫了。竭尽所能，画出最令人晕头转向的迷宫吧！

5 单击"方块"图标，使用绘制矩形的功能，在迷宫的右下角画出一个小小的正方形。这个正方形就是你的角色将要使尽浑身解数，想要到达的迷宫终点了！请注意，小正方形的颜色必须与构成迷宫直线的颜色不同。

前往第30页，按照你自己的想法，去绘制迷宫吧！

6 现在，我们就可以开始编写脚本了。前往角色区，单击小猫，令其变为蓝色的选定状态，然后前往脚本区，按照右图的指示编写代码。这段代码的作用是，让玩家可以使用方向键控制小猫四处移动（必须调整 x 坐标、y 坐标移动的正负值，才能让小猫沿着正确的方向移动）。

7 下面这段脚本的作用是，防止小猫穿过构成迷宫的黑色直线。每次出发时，小猫都必须从迷宫的左上角出发，而如果在前进的过程中碰到了黑色的直线，那么小猫就必须返回位于左上角的起点。

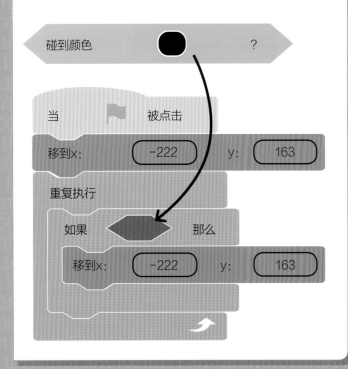

使用青蓝色的侦测积木来防止角色穿越构成迷宫的黑色直线，方法为把它嵌入橙色的"如果那么"控制积木。

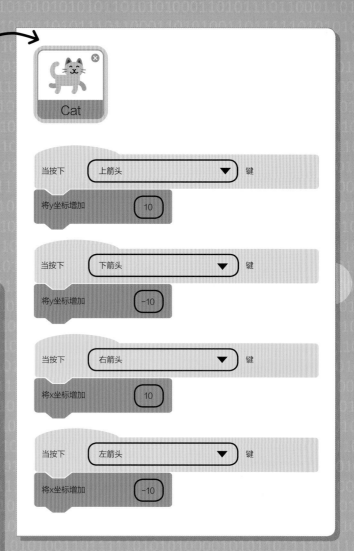

单击蓝绿色侦测积木中的颜色样本，然后再单击位于底部的移液管图标，就可以将颜色样本的颜色改为构成迷宫的直线的黑色了。将具有放大镜功能的圆圈拖拽至位于舞台区的迷宫上方，在圆圈中的小方块移动到黑色直线的上方后，单击鼠标。这时候，你就会发现，侦测积木中的颜色样本变成了黑色。

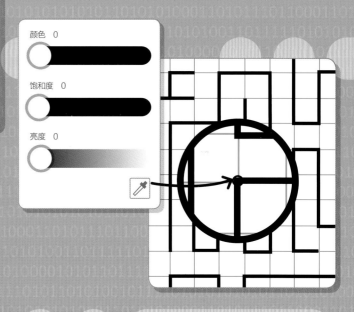

8 完成上述代码后，你就可以利用方向键，控制小猫在迷宫中四处移动了。下面，我们需要为角色添加右侧的代码……侦测方块中的红色必须与右下角终点处的红色完全一致，而方法则是，按照第7步中介绍的步骤，使用移液管，设定蓝绿色"碰到颜色"侦测积木中颜色样本的颜色。紫色的"说你赢了！2秒"外观积木是通过编辑紫色的"说你好！2秒"外观积木得到的。方法很简单，只需将积木中的"你好"改写成任何你喜欢的信息就可以了。

使用方向键在迷宫中移动小猫，多练习一会儿。编辑作为背景的迷宫，增加游戏的难度！

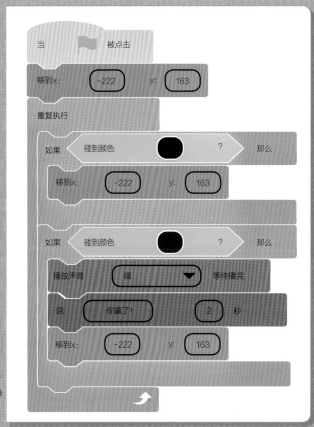

这里是迷宫的起点。

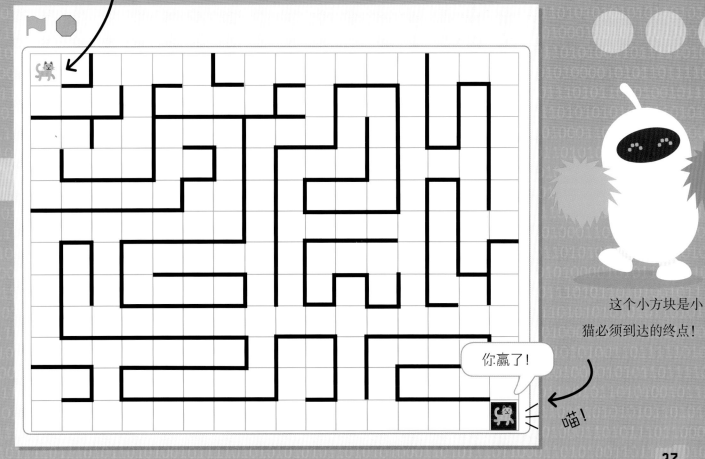

这个小方块是小猫必须到达的终点！

你赢了！

喵！

9 你还可以添加第二级迷宫。这样一来，在小猫到达第一级迷宫的终点之后，屏幕上就会出现新的背景，让玩家继续享受挑战迷宫的乐趣！按照第 3、第 4、第 5 步介绍的方法绘制作为背景的迷宫。如果你想尝试新鲜事物的话，就可以放弃方块和直线，转而用圆圈来绘制迷宫。需要注意的是，绘制迷宫时，无论是使用圆圈，还是使用直线，都一定要让它们的颜色与第一个迷宫所用的颜色完全一致，因为只有这样，才能保证侦测积木正常运行。

10 将紫色的"换成 Xy-grid-30px 背景"外观积木置于黄色的"当绿色旗帜被点击"事件积木的下方。将脚本中的紫色"说你赢了！2 秒"外观积木改写为"说新一级迷宫！2 秒"。添加紫色的"下一个背景"外观积木。如此一来，屏幕上就会出现新的迷宫了。不要忘了，要在与第二个迷宫对应的脚本的末端添加一个不同颜色的方块作为终点，之后还要添加一条不同的信息，告知走出迷宫的玩家，他已经取得了游戏的胜利。

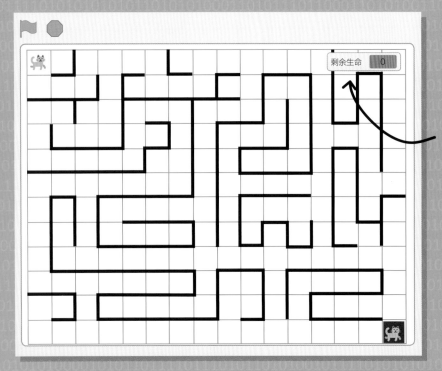

再来一次！

Scratch 的用户可以使用深橙色的"变量"来储存数值。设置变量是程序员的任务。在迷宫游戏中，变量可以用来显示玩家的剩余生命。如果剩余生命为零，那么游戏就结束了！

右上方的小方块展示的就是玩家的剩余生命。这个小方块会出现在舞台区，可以用鼠标调整它在迷宫中的位置。

前往界面的左侧，单击列表中代表变量积木的深橙色圆圈按钮。然后单击写有"建立一个变量"的文本框，将其命名为"剩余生命"。记得勾选"适用于所有角色"选项。

在位于顶部的黄色"当绿色旗帜被点击"事件积木的下方添加深橙色的"将剩余生命设为3"变量积木。在下图中的指定位置添加深橙色的"将剩余生命增加 –1"变量积木。按照下图的指示，添加橙色的"如果那么"控制积木。将绿色的"<1"运算积木嵌入橙色的控制积木，然后再将深橙色的"剩余生命"椭圆形积木嵌入空白处。

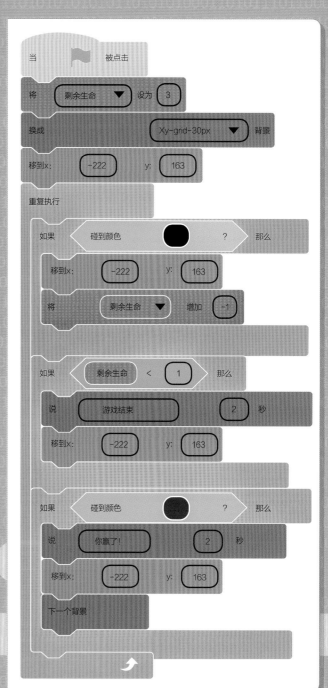

完成上述步骤后，你就会发现"剩余生命"变量被储存在了位于其他变量积木上方的深橙色椭圆形中了。

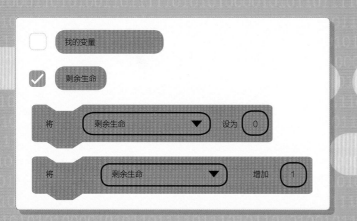

迷宫绘图师

找一支铅笔，在本页的空白网格上按照你自己的想法绘制迷宫吧！

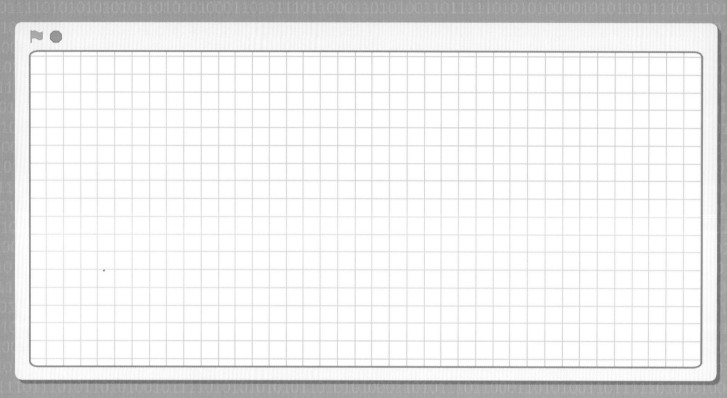

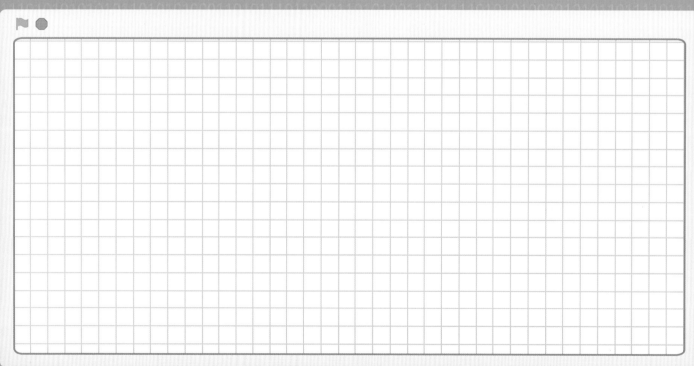

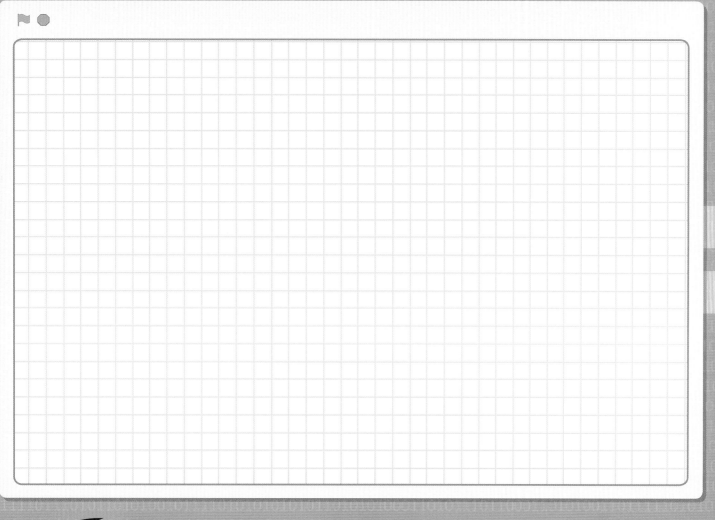

要沿着网格的方向绘制迷宫。

诀窍

不要把迷宫设计得太过复杂。此外，也不要把通路画得太窄，否则角色就无法通过了。

太空竞速

本项目可以让玩家玩有趣的追逐游戏。此外，脚本还为游戏添加了分数、计时器、文本和音效。当然了，你可以选择自己喜欢的角色和背景，但本书给出的建议还是能给你开个好头。准备好了吗？我就要离开地球，前往外太空了！

太空竞速

Dot

Star

Galaxy

1 创建新项目，为项目取名，例如将其称为"太空竞速"。

2 前往角色列表，单击小猫角色图标右上角的叉号，删除小猫角色。把鼠标移动至"选择一个角色"按钮，然后单击放大镜图标。进入角色库，选择名为Dot的太空狗。

3 之后，我们需要选择另一个角色，它的名字是Star。现在，这两个角色应当都已经在角色列表中出现了。此外，我们还要进入背景库，选择名为Galaxy的背景。

4 单击太空狗Dot，令角色转换为蓝色的选定状态。我们必须减小Dot的体型，方法是将"大小"数值从100调整到50。

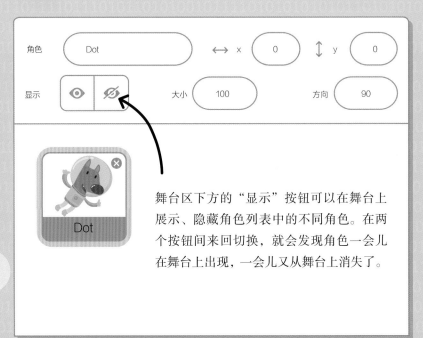

| 角色 | Dot | ↔ x | 0 | ↕ y | 0 |
| 显示 | 👁 ⦸ | 大小 | 100 | 方向 | 90 |

Dot

舞台区下方的"显示"按钮可以在舞台上展示、隐藏角色列表中的不同角色。在两个按钮间来回切换，就会发现角色一会儿在舞台上出现，一会儿又从舞台上消失了。

5 如下图所示，为 Dot 编写一段简单的脚本。首先，我们需要拖入紫色的"说你好！2秒"外观积木，然后将积木中的"你好！"改为"让我们去追星星吧！"此外，我们还要添加蓝色的"在1秒内滑行到随机位置"运动积木，然后把它改写成"在1秒内滑行到鼠标指针"。

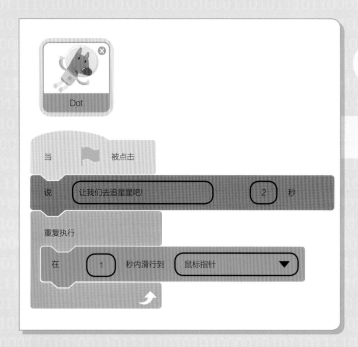

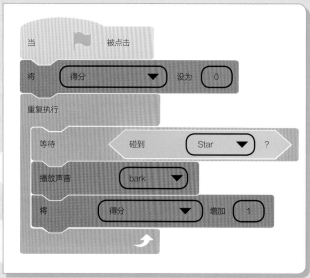

6 下面，我们必须为 Dot 建立一个新变量。前往位于界面左侧的积木调色板，单击深橙色的变量按钮，然后单击"建立一个变量"文本框，将新建立的变量命名为"得分"。勾选"适用于所有角色"选项，然后单击"确定"。

7 按照下文中图片给出的指示，为 Dot 编写脚本。前往积木调色板，单击青蓝色的侦测按钮，选择名为"碰到 Star？"的积木（这块积木的原名是"碰到鼠标指针？"，所以你必须修改积木中的文字）。在我们完成游戏代码的编写之后，这些指令的作用就是每次碰到 Star 时，Dot 都会得到一分，还会高兴得汪汪叫。怎么样，很炫酷吧？

8 选择角色 Star。按照下图的指示，向脚本区添加积木，编写代码。本段代码的作用是只要 Star 碰到了 Dot，Star 就会移动到一个新的随机位置。

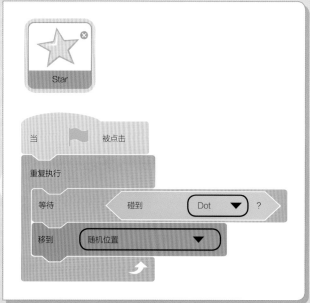

9 下面，我们必须建立另一个新变量，请按照步骤6的方法操作。将这个变量命名为"计时器"。

10 我们还应当为 Star 添加另一段脚本，如右图所示。这段脚本的作用是在舞台上位于"得分"下方的位置添加"计时器"，用来倒计时游戏的剩余时间。前往积木调色板，单击绿色的运算按钮，然后选择"＝ 0"运算积木。嵌入深橙色的"计时器"变量，就可以得到"计时器＝ 0"运算积木了。

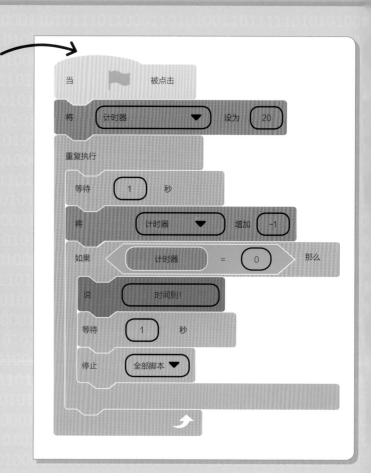

11 设定计时器的起始时间。你可以在 10 秒、20 秒、30 秒这三个时间中任选其一，也可以随心所欲，设定自己想要的时间。单击绿色的旗帜，运行脚本，然后以最快的速度用鼠标单击 Star，看看你能得到多少分。找一个小伙伴，让他也试一下，看看到底谁更厉害。

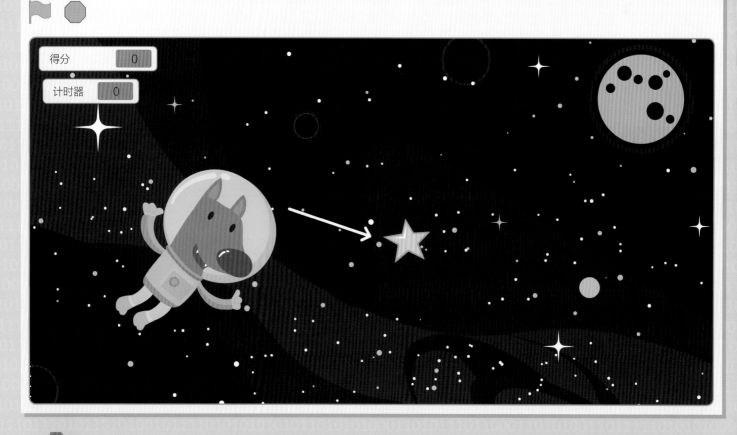

循环

在 Scratch 中，名为"重复执行"和"重复执行 10 次"的控制积木是用来建立循环的积木。循环的作用是向电脑下达指令，多次运行程序中的某一段代码。

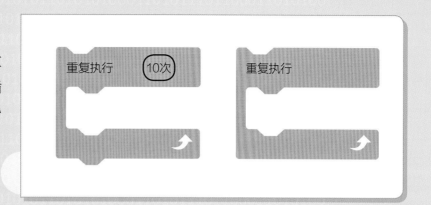

诀窍

如果你已经为某个角色编写了一段脚本，然后又想让角色列表中的另一个角色使用同一段脚本，只需前往脚本区，选择所需脚本，把它拖拽至列表中角色图标的上方，就可以完成复制了。单击第二个角色的图标，你就会发现，这个角色也拥有了与第一个角色相同的脚本。

我们都在运行"玩电视游戏"脚本！

我的东西

Scratch 的有趣之处还在于，你可以搜索其他用户编写的项目，也可以分享自己的脚本、想法、知识，甚至还可以咨询自己一时想不明白的编程问题。

界面

将鼠标移至 Scratch 界面的右上方，单击你的用户名，然后选择"我的东西"。进入该选项之后，你就会看到自己创建的所有项目。如果你按照本书前文给出的建议，编写了相应的程序，那么你就会在"我的东西"中看到"太空竞速"游戏和"打乒乓"游戏。

随意选择一个项目，单击项目图标右侧的"观看程序页面"按钮。进入页面之后，你就可以再次运行程序了，如果你之后又学会了新的编程知识，那么你就能修改程序，让它变得更加有趣。

个人资料页面

你可以在这里进行自我介绍。例如，你可以讲一讲自己正在创建什么样的 Scratch 程序。此外，你还可以关注自己喜欢的 Scratch 程序员。

项目页面

进入"我的东西",单击列表中的项目名称,就可以进入项目页面了。这里,你可以在 Scratch 社区分享你的项目,让其他程序员运行你编写的程序,甚至还可以让他们再创作你的程序。只需前往右上角,单击橙色的"分享"按钮,就可以分享选定的项目了。

项目页面中设置有文本框,你可以输入文字说明,帮助其他用户了解你的项目,让他们在玩的过程中获得更多的乐趣。你还可以前往页面的下方,开启用于发表评论的文本框,让其他用户说出对项目的看法。如果你不想看到别人的评论,就请单击"关闭评论"选项。熟悉了"我的东西"页面之后,你就可以前往"工作室"页面,将各种各样的项目组合到一起了。

各抒己见

前往网址 https://scratch.mit.edu/discuss,你就可以进入 Scratch 论坛,浏览各式各样以 Scratch 为主题进行的讨论了。你除了可以看到 Scratch 官方团队发布的公告,还能浏览多种多样的项目、创意和诀窍,且论坛内容远不止于此,绝对能让你流连忘返!

打乒乓

打乒乓是一款经典的街机游戏。在这款游戏中，乒乓球会沿着水平的方向左右移动，而玩家则必须沿着垂直的方向控制球拍上下移动，防止乒乓球飞到界外。按照规则，飞到球拍后方的乒乓球是出界球，此时对方玩家就可以得到一分。在本项目中，你将学会如何巧妙地编写脚本，用 Scratch 打乒乓球。

1 创建一个新项目，将其命名为"乒乓球"。删除 Scratch 默认的小猫角色，前往角色库，添加名为 Ball 的角色。

2 为 Ball 编写下列脚本。单击绿色的旗帜按钮，你就会发现乒乓球开始左右移动了。

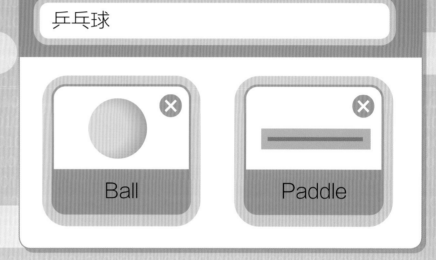

这两个坐标的作用是，将舞台的正中央设置为乒乓球的起点。

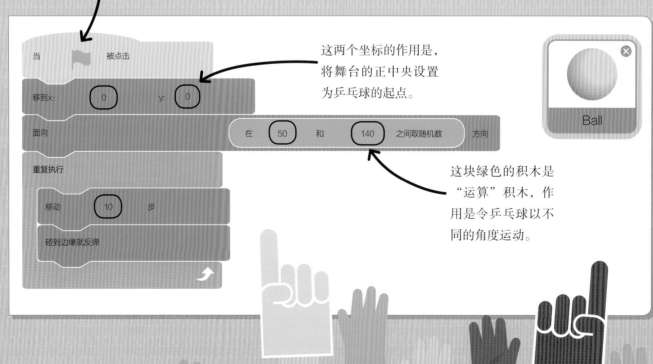

这块绿色的积木是"运算"积木，作用是令乒乓球以不同的角度运动。

3 前往角色库，将绿色的 Paddle 角色加入角色列表。用鼠标单击 Paddle，令其进入蓝色的选定状态，然后单击界面左上方的"造型"标签，之后再单击位于左上角的小箭头。此时，球拍的下方就应当出现一个蓝色的双向小箭头。单击双向箭头，不要松开鼠标，然后慢慢地旋转球拍，直到它的摆放方式由水平方向变为竖直方向。

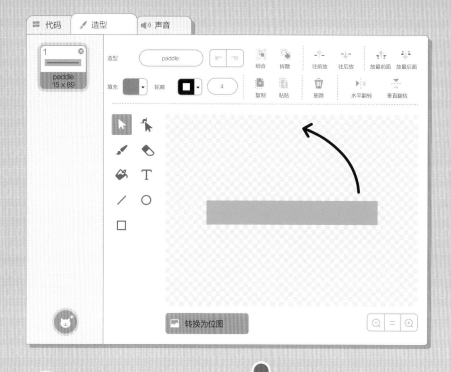

4 保持球拍的选定状态，然后单击界面左上角的"代码"标签，开始为球拍编写脚本。将下列积木拖拽至脚本区，编写游戏所需的基础脚本。

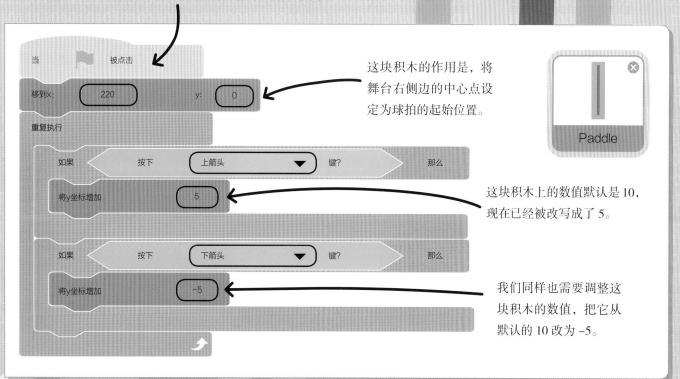

这块积木的作用是，将舞台右侧边的中心点设定为球拍的起始位置。

这块积木上的数值默认是10，现在已经被改写成了5。

我们同样也需要调整这块积木的数值，把它从默认的10改为 –5。

5 下面这段代码的作用是，防止球拍移动到舞台的范围之外。如果想要把青蓝色的"按下上箭头键？"侦测积木嵌入绿色的"与"运算积木，就应当先把"与"运算积木置于脚本的下方，然后从脚本中移走青蓝色的"按下上箭头键？"侦测积木，再把它嵌入绿色的"与"运算积木内部的第一个空白处。

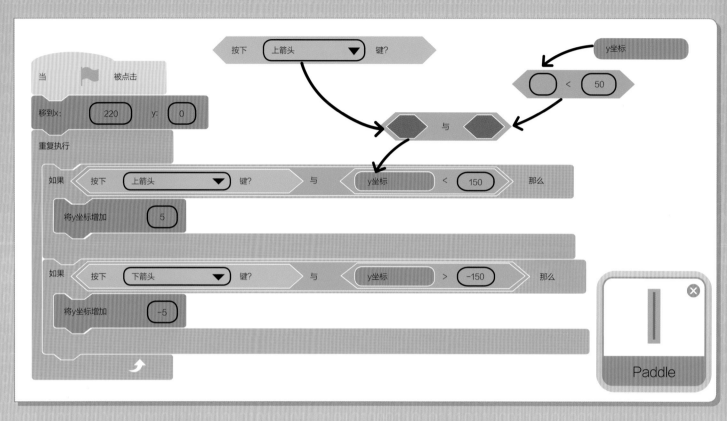

6 现在，我们需要添加一个绿色的"<50"运算积木。把这块积木嵌入绿色的"与"运算积木中的第二个空白处，然后再把积木上的数值"50"改为"150"。按照相同的步骤处理"按下下箭头键？"积木，然后把"y坐标"积木嵌入运算积木中，并且把原数值改为"-150"。这块积木中的"-150"是个负数，所以不要忘了输入"-"号。

7 乒乓球游戏需要两个球拍，分别位于舞台的左侧和右侧。前往角色列表，用鼠标右键单击球拍的图标，系统就会弹出"复制、导出、删除"这三个选项。选择"复制"后，你就会发现，列表中出现了一个与之前的球拍一模一样的新球拍。Scratch 会自动将这个球拍命名为"Paddle2"。

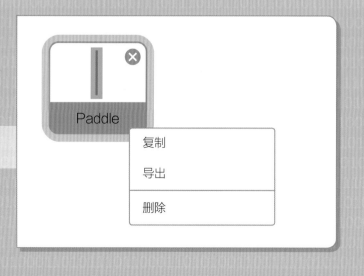

8 在与二号球拍对应的脚本中，将"移到 x：200　y：0"积木内的"220"改为"-220"。二号球拍将由另一个玩家控制，所以我们需要把侦测积木中的"上箭头"、"下箭头"改为"w"、"x"。这样一来，第二个玩家就可以使用这两个字母键来移动球拍了。

蹦起来吧!

9 本步骤所要完成的任务是，令被球拍"击中"的乒乓球沿着与之前不同的方向发生反弹。选择你按照步骤 2 为乒乓球编写的脚本，然后加入"如果那么""碰到鼠标指针？""面向 90 方向"这三块积木。编辑"碰到鼠标指针？"积木，将其中的"鼠标指针"改为"Paddle"。按照右图的指示编辑"面向 90 方向"积木，将绿色的"＊"运算积木嵌入蓝色的运动积木，替代其中写有"90"的空白处。接下来，我们还要再将一个蓝色的"方向"运动积木嵌入这块绿色的运算积木右侧空白处，之后还要把左侧空白处的数值改为"−1"。

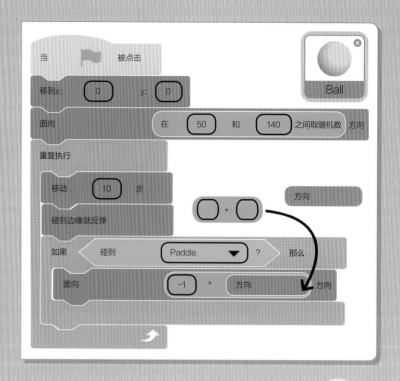

10 编辑乒乓球的脚本，让二号球拍也能反弹乒乓球。选择乒乓球的脚本，然后将"碰到 Paddle？"积木拖拽出脚本，把它放入脚本区。将绿色的"或"运算积木拖入脚本区，然后把"碰到 Paddle？"积木拖入绿色"或"运算积木中的第一个空白处，如下图所示。前往积木调色板，选择一块青蓝色的"碰到鼠标指针？"侦测积木，把"鼠标指针"改为"Paddle 2"。将编辑好的侦测积木嵌入绿色"或"运算积木的第二个空白处。最后，将整块拼接好的积木放回乒乓球的脚本，方法为将其嵌入橙色的"如果那么"控制积木，如下图所示。

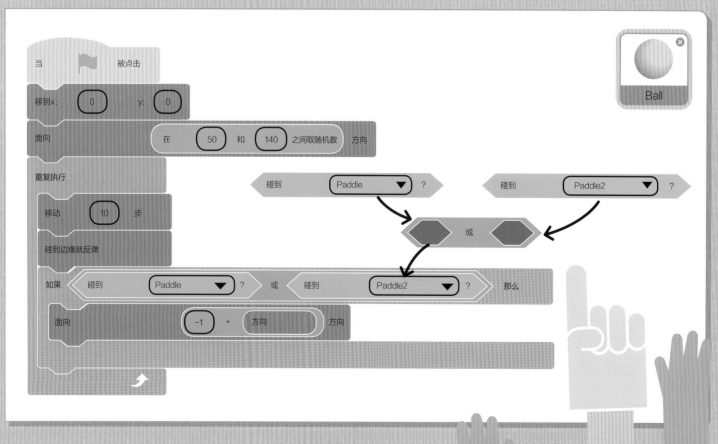

现在，我们需要为乒乓球游戏添加积分器。我们应当让程序了解到，如果乒乓球移动到了右侧球拍的后方，那么二号玩家就应当得一分，如果乒乓球移动到了左侧球拍的后方，那么得分的就应当是一号玩家了。

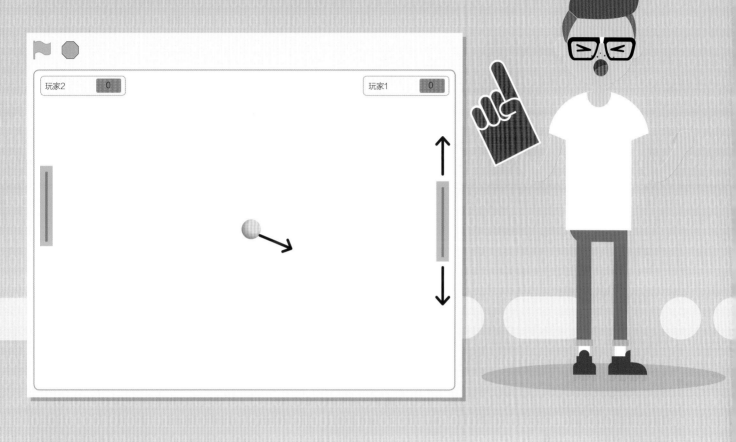

11 选中与乒乓球对应的脚本。前往舞台，单击乒乓球，然后把它拖拽至舞台右侧几乎贴近侧边的位置。接下来，勾选"x坐标"运动积木左侧的方框，然后你就会发现，舞台顶端出现了展示乒乓球 x 坐标值的文本框。

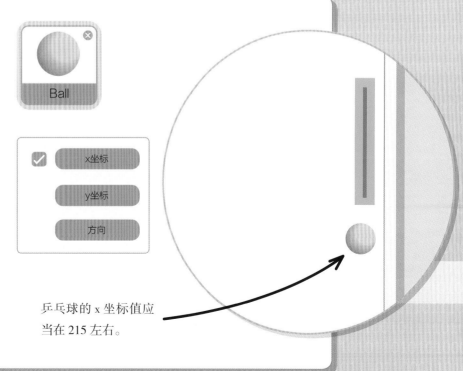

乒乓球的 x 坐标值应当在 215 左右。

12 向乒乓球的脚本添加积木，组成如下程序。此段程序的作用为，无论乒乓球触碰到了舞台的左边界，还是右边界，程序都会为对应的玩家加上一分。

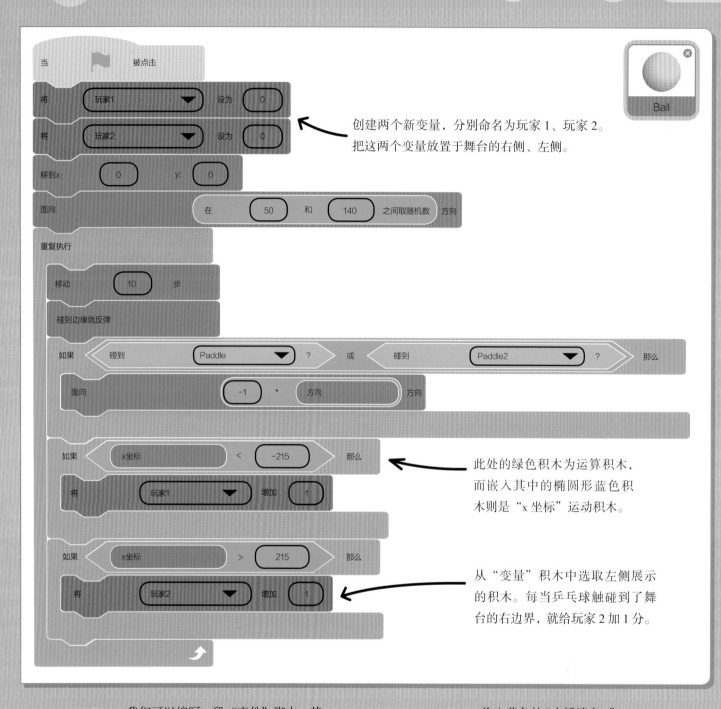

创建两个新变量，分别命名为玩家1、玩家2。把这两个变量放置于舞台的右侧、左侧。

此处的绿色积木为运算积木，而嵌入其中的椭圆形蓝色积木则是"x坐标"运动积木。

从"变量"积木中选取左侧展示的积木。每当乒乓球触碰到了舞台的右边界，就给玩家2加1分。

13 我们可以编写一段"事件"脚本，其作用为，每次有人得分后，都会命令程序将乒乓球放置到舞台的正中央。首先，我们要以蓝色的"移动到 x: 0 y: 0"运动积木为界，将乒乓球的脚本一分为二。

14 拖入黄色的"广播消息1"事件积木，把它放置在以绿色旗帜开头的那部分脚本的最末端。单击写有"消息1"的文本框，将其中的文字改为"开始！"

15 如下图所示，在另一段脚本的上方添加两块积木，分别是黄色的"当接收到开始！"事件积木，以及蓝色的"移到x: 0　y: 0"运动积木。同样如下图所示，将两块"广播开始！"事件积木嵌入位于最底端的两块橙色的"如果那么"控制积木。运行程序，你就会发现，一旦有玩家得分，乒乓球就会回到舞台的正中央，重新发球，开始比赛。

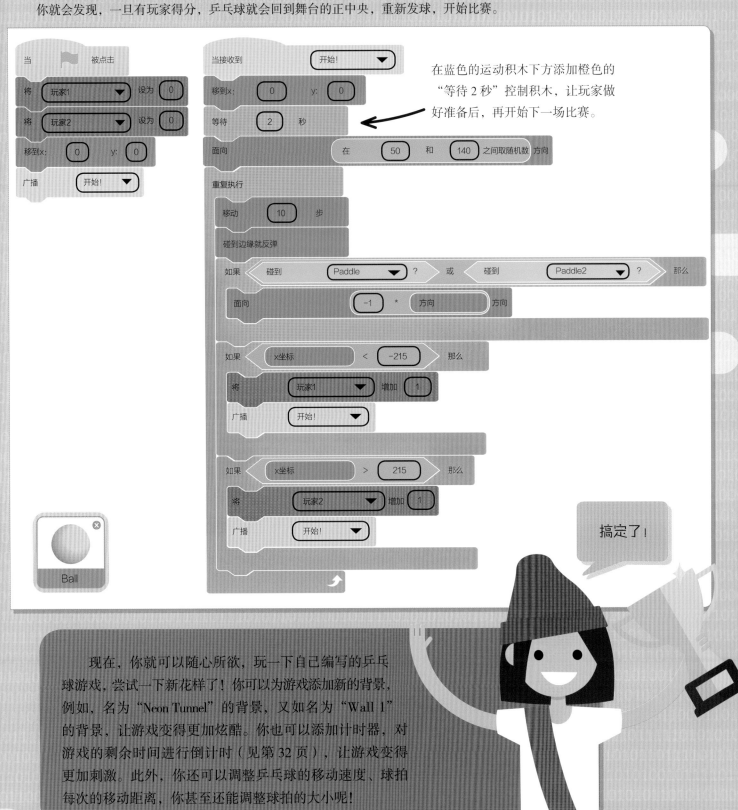

在蓝色的运动积木下方添加橙色的"等待2秒"控制积木，让玩家做好准备后，再开始下一场比赛。

搞定了！

现在，你就可以随心所欲，玩一下自己编写的乒乓球游戏，尝试一下新花样了！你可以为游戏添加新的背景，例如，名为"Neon Tunnel"的背景，又如名为"Wall 1"的背景，让游戏变得更加炫酷。你也可以添加计时器，对游戏的剩余时间进行倒计时（见第32页），让游戏变得更加刺激。此外，你还可以调整乒乓球的移动速度、球拍每次的移动距离，你甚至还能调整球拍的大小呢！

与 Scratch 沟通

一定要在征得成年人的同意后，才能开启网络摄像头！

如果你的电脑配备了网络摄像头，那么 Scratch 就可以使用一些厉害得不得了的程序，运用视频侦测功能，完成看似不可能完成的任务。你只要挥一挥手，就可以播放音乐、让小猫喵喵叫，甚至还能捅破气球呢！

前往界面的左下角，单击"添加扩展"按钮。此时，你会看到包括音乐、画笔、翻译等在内的诸多扩展选项。单击"视频侦测"选项，你就会发现，屏幕的左侧出现了代表"视频侦测"的按钮。

视频侦测

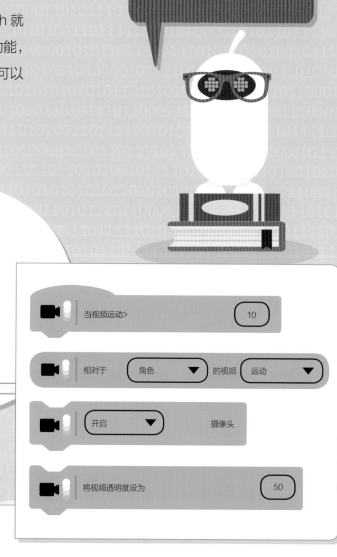

此时，Scratch 会启动网络摄像头，而单击"视频侦测"按钮后，你就会发现，界面左侧出现了一些全新的积木。

挥手

Cat

点选小猫角色后，将下列两块积木拖入脚本区。此时，舞台区就会变成摄像头拍摄到的画面。冲着摄像头，向小猫挥一下手（也可以晃一下脑袋），它就会喵喵地叫起来。怎么样？可爱吧！

当视频运动> 10

播放声音 喵 等待播完

将"当视频运动"积木上的数值从 10 调整到 50，甚至 90，你就会发现，视频侦测的敏感度发生了变化，想要听到小猫的叫声，要么必须更加用力地挥手，要么就在离摄像头更近的地方挥手。

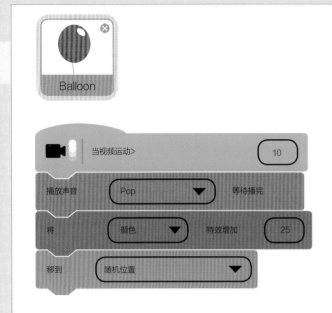

气球游戏

删除小猫角色，然后进入角色库，选择名为 Balloon 的角色，按照左图的指示，为其编写脚本。运行脚本后，你就会发现，只要挥一下手，就相当于捅破了气球，气球会发出清脆的爆裂声，并且改变颜色，出现在屏幕上的一个随机的位置。调高原始的视频运动数值10，降低摄像头的灵敏度。

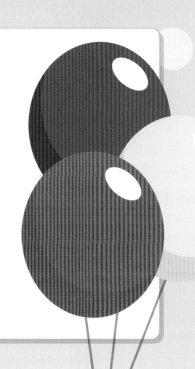

打篮球

我们可以运用视频侦测功能让物体在舞台上四处移动。创建新项目，在删除小猫的角色后，选择名为 Basketball 的角色。选定篮球的角色，然后按照左侧的指示编写脚本。将"移到x：y："运动积木中的坐标改为0、0。

拼接下方这块"面向相对于角色的视频运动方向"积木的方法为，将绿色的视频积木嵌入蓝色的运动积木上写有"90"的空白处。

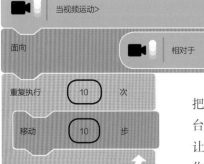

把手伸向篮球，就可以推着球在舞台上四处移动了。找来一个小伙伴，让他站在你与摄像头的中间，这样你们两个人就可以相互传接球了。

摇滚巨星

Scratch能够令你梦想成真,让你摇身一变,成为摇滚巨星。创建新项目,在删除小猫的角色后,前往角色库,单击音乐选项,然后选择两面鼓,把它们添加到角色列表。本书的教程使用的鼓的名称分别是 Drum、Drum Kit。

选中列表中的一个角色,按照右图的指示编写脚本。这段脚本可以转换鼓的造型,在这个例子中,两个相互转换的造型分别是"drum-b""drum-a"。为第二面鼓编写相同的代码,不要忘了,你也要为这面鼓转换造型。

把鼓放置于舞台的角落处。这样一来,你只要在鼓的上方挥一下手,鼓就会发出鼓点的音效,而且还会震颤起来,就好像真的被敲到了一样。伙计们,快摇滚起来吧!

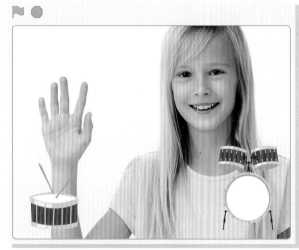

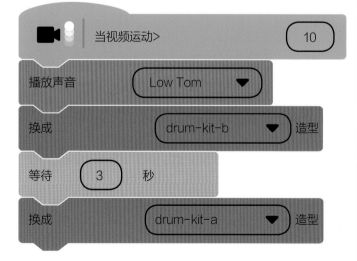

一挥而去

现在，大家将会学习一种让可怕的景象消失得无影无踪的技巧。使用紫色的"外观"积木来改变特效，我们就可以运用视频侦测功能让妖魔鬼怪渐渐地从屏幕上消失。编写下列代码，让魑魅魍魉烟消云散……

1 创建新项目，把它命名为"挥手驱鬼"，然后选择名为"Ghost"的角色。下方的代码适用于任何可选的角色，但我想大家也应该不会否认，驱鬼游戏还是应当使用鬼魂的角色才是最恰当的吧！

2 选中角色，然后将下图展示的两块积木拖入脚本区。一开始时，在紫色的"外观"积木中被选定的选项应当是"颜色"。单击"颜色"选项，就会出现下拉菜单，选择对应的选项，就可以把"颜色"改为"虚像"了。

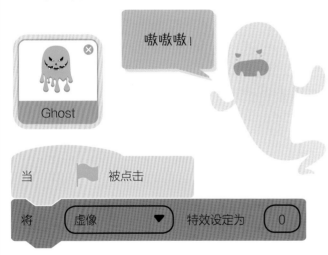

3 单击"变量"按钮，单击"建立一个新变量"，将其命名为"擦除"。这时，你就会发现，在椭圆形积木"我的变量"上方出现了一块名为"擦除"的新积木。

4 单击"视频侦测"按钮，选择"当视频运动>10"积木拖入脚本区，以此为起点，按照下图的指示，编写一段全新的脚本。脚本中名为"将虚像特效增加10"的积木是通过编辑"将颜色特效增加25"外观积木得到的。

5 拼接"如果擦除>50那么"积木的方法为，按照下图的指示，将"擦除"变量积木、绿色的">50"运算积木、橙色的"如果那么"控制积木拖入脚本区，然后把变量嵌入绿色的运算积木，再将运算积木上的数值改为50，最后再将这块刚刚编辑好的积木嵌入"如果那么"积木的空白处。

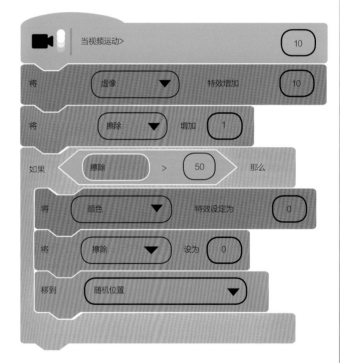

6 单击绿色的运行按钮。在鬼魂的上方不停地摆手，你就会发现，慢慢地，鬼魂消失得无影无踪。怎么样，很了不起吧！

项目 **故事时间**

Scratch 可以让你创建故事。使用好 Scratch 的角色、背景，你便可以讲述任何自己喜欢的故事，可以是关于太空、运动、历史等方面的故事，甚至还可以是你的亲身经历。Scratch 可以让文字、音效、动画融为一体，令你脑海中想象的世界变得栩栩如生！

利用下方的草稿纸规划故事的大体框架！

你可以从下列场景中选择一个故事发生的地点，也可以写下你自己喜欢的地点：

城堡　　　　森林　　　　月亮　　　　丛林　　　　学校

一号人物的姓名：
二号人物的姓名：

场景二：

城堡　　　　森林　　　　月亮　　　　丛林　　　　学校

动物：

猫头鹰　　　老虎　　　　甲虫

写下大体的剧情……

故事

Wizard

Dani

Owl

Forest

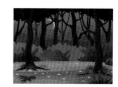
Woods

1 创建一个新的Scratch项目，将其命名为"故事"。删除小猫角色，从背景库中选择一个新背景。本段指导选用了名为"Forest"的背景。

2 随意选择两个角色。例如，选择名为"Wizard"和"Dani"的两个角色。选择角色以后，你会发现，他们也许并没有面对面。选择需要调整方向的角色，然后单击"造型"标签，再单击"水平翻转"按钮，就可以让角色调转方向了。

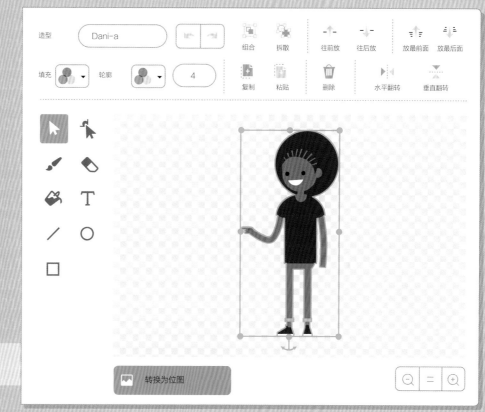

3 单击将要在故事中首先开口的角色——巫师（Wizard）。不要忘了，要前往界面的左上角，单击选定角色的代码标签。为巫师的角色添加紫色的"说你好！2秒"外观积木，然后用事先想好的对话替代积木上的"你好！"。

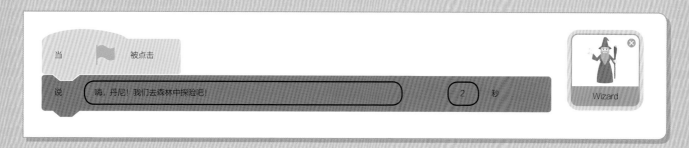

4 单击另一个角色——丹尼（Dani），按照第 3 步的步骤，为他编写相同的脚本，但需要注意的是，在外观积木中输入的话必须能够与巫师所说的话形成对话。添加一个橙色的"等待 1 秒"控制积木，然后将其中的时间数值改为"2 秒"。运行脚本，你就会发现，这两个角色用你刚才创建的对话泡泡开始对话了。

现在，你就可以让这两个角色前往新的地点，推进故事的进程了。选择一个不同的背景，例如名为"Woods"的背景。

5 选中巫师的角色，然后向脚本区添加下图所示的代码。这段代码中一共有两个"换成背景"外观积木，分别点开下拉菜单，将空白处改为"Forest""Woods"。运行代码，你就会发现，背景发生了变化。

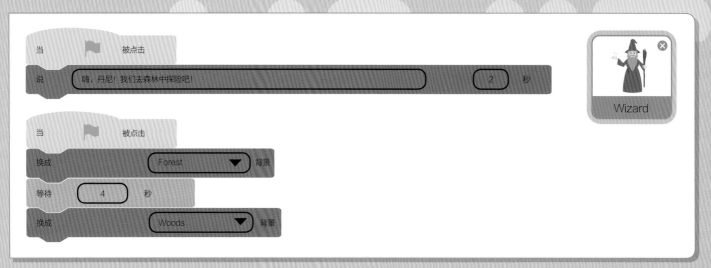

6 接下来，我们需要添加一句旁白，将故事的两个场景分隔开来。鼠标移到界面的右下角"选择一个背景"按钮，然后单击"绘制"按钮。

7 单击字母"T"代表的文本工具，然后在空白背景的正中央输入"晚些时候"。单击"箭头"代表的选择工具，调整文本框的大小，让文字变得更大、更清晰。将编辑好的背景命名为"旁白"。

遛狗！

输入旁白时，你可以调整文本的字体，随意改变文本的大小、颜色。

8 单击巫师角色，在选定"代码"标签后，按照下图的指示扩写脚本。

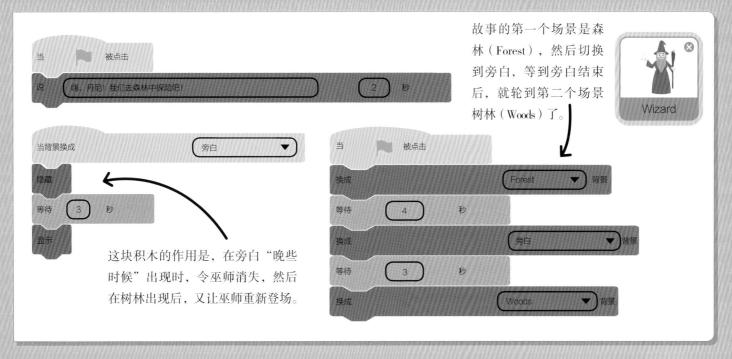

故事的第一个场景是森林（Forest），然后切换到旁白，等到旁白结束后，就轮到第二个场景树林（Woods）了。

这块积木的作用是，在旁白"晚些时候"出现时，令巫师消失，然后在树林出现后，又让巫师重新登场。

9 按照相同的步骤为丹尼编写脚本。丹尼的角色也必须先"隐藏"，再"显示"。运行脚本。掌握了上述简单的规则、流程后，你就可以按照自己的想法，添加新的对话泡泡和背景了。

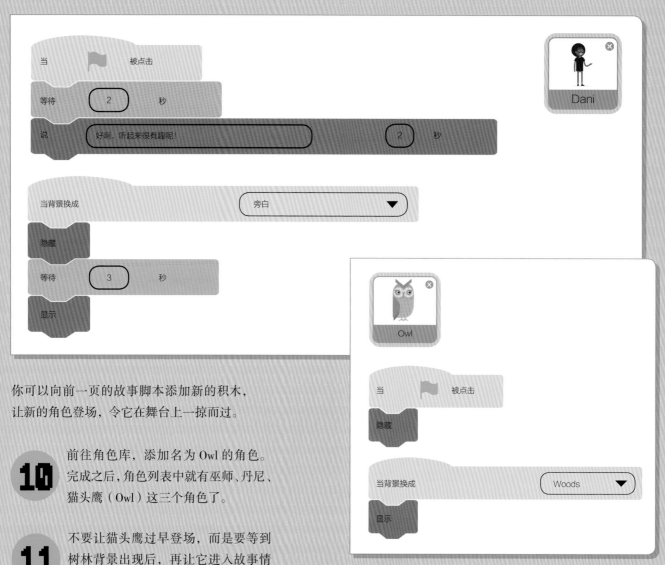

你可以向前一页的故事脚本添加新的积木，让新的角色登场，令它在舞台上一掠而过。

10 前往角色库，添加名为 Owl 的角色。完成之后，角色列表中就有巫师、丹尼、猫头鹰（Owl）这三个角色了。

11 不要让猫头鹰过早登场，而是要等到树林背景出现后，再让它进入故事情节。按照右图展示的方式编写两小段代码，就可以让猫头鹰按照预想的方式登场了。

12 选择猫头鹰的角色。前往舞台区，单击猫头鹰，然后把它拖拽至舞台的左上角。接下来，单击积木调色板中代表"运动"的蓝色按钮，你就会发现，所有运动积木中的 x 坐标值、y 坐标值全都与猫头鹰的位置同步，开始显示它当前的坐标值了。

13 向脚本区添加下图所示的运动积木。完成以后，在背景切换成树林之后，猫头鹰就会出现在舞台的左上角了。

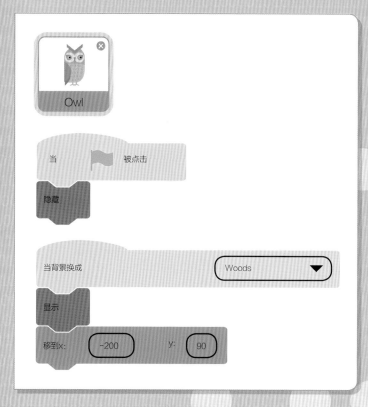

14 前往舞台区，选中猫头鹰，然后把它拖拽到丹尼的身边。此时，你就会发现，界面左侧所有运动积木中的 x 坐标值、y 坐标值都随着猫头鹰位置的改变而发生了变化。

15 如下图所示，将"在1秒内滑行到x：y："运动积木（这块积木的坐标值不同于脚本中其他运动积木的坐标值）拖入脚本区，完成代码。运行代码，你就会发现，猫头鹰会突然出现，从左上方迎头向丹尼飞去。

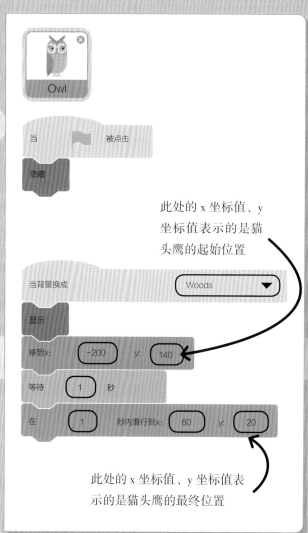

此处的 x 坐标值、y 坐标值表示的是猫头鹰的起始位置

此处的 x 坐标值、y 坐标值表示的是猫头鹰的最终位置

瞧好了！

Scratch 技巧

现在，大家已经了解了 Scratch 的运行原理，也掌握了用代码编写各种程序的本领。接下来，本书将会介绍 Scratch 的一些其他功能，同样也能让你大开眼界，兴奋不已！

录音

要想把你自己录制的音效嵌入脚本其实十分简单。首先选择一个角色，然后前往界面的左上角，单击与角色对应的声音标签。

单击红色的"录制"按钮，就可以录制你想要的声音了。录制完成后，单击"保存"，然后为你刚才录制的声音取个名字。

接下来，前往界面的左下角，单击"录制"按钮。

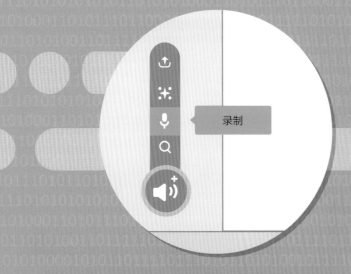

前往积木调色板，调出紫色的"声音"积木，就可以从下拉菜单中选择新录制的声音，把它添加到脚本中去了。

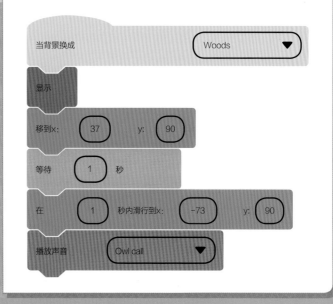

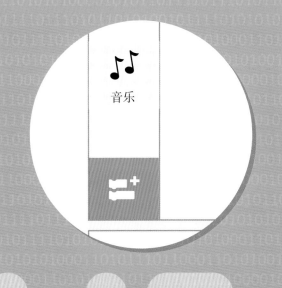

文字朗读

单击"添加扩展"按钮，添加"文字朗读"选项，就可以让角色开口说话了。创建一个新项目，选一个角色，然后就可以按照上图的指示，使用这段只有两块积木的简单脚本来为角色添加语音消息了。那么，你能用自己从书中学到的新本领创作一段有声故事吗？

创作音乐

单击界面左下角的"添加扩展"按钮，然后添加"音乐"选项。右图中给出的示例脚本使用了不同的鼓声，通过快速重复播放的方式，形成了一小段打击乐。快试验一下，看看你自己的创作灵感会产生什么样的音乐，把它添加到游戏中去吧！

啦啦啦啦！创作音乐实在是太棒了！

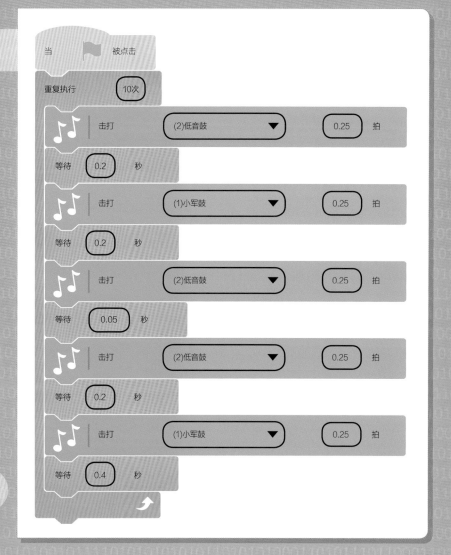

>>> PYTHON

除了 Scratch，本书还会介绍一种名叫 Python 的编程语言。与 Scratch 相比，Python 虽然更难掌握，但只要学会了入门知识，你就会发现，它其实是一种十分高效、功能极其强大的编程语言。许多堪称巨无霸的公司、组织都将 Python 用作编程语言，例如美国的谷歌公司、Netflix 公司，还有英国的国家医疗服务体系。

与使用积木的 Scratch 不同，Python 是一种使用文本的编程语言，会用到字母、数字、标点和各式各样的符号。使用 Python 时，必须保证代码分毫不差，具体来说，就是该大写的字母必须大写，括号、句号必须添加到正确的位置，否则电脑就无法读懂你编写的代码！使用 Python 编程时，我们会用到一款名为 IDLE 的程序。IDLE 是英语词组 Integrated Development and Learning Environment 的缩写，意思是"集成开发与学习环境"。IDLE 内有一个文本编辑器，可以用来编写、修改代码。

Python：了不得的原因！

1 Python 是免费的！就像可以免费下载 Scratch 一样，你也可以免费下载 Python。Python 于 20 世纪 90 年代早期问世，它的开发者是荷兰程序员吉多·范罗苏姆。

2 Python 既可以在使用 Windows 系统的电脑上运行，也可以在苹果电脑上运行，使用起来十分方便。

3 网上有很多 Python 的代码库，所以通常情况下，你都可以使用代码库提供的代码，而不用耗费精力自己编写代码。

安装

想要使用 Python，就必须先下载安装文件，在电脑上安装 Python 的程序。前往 www.python.org，单击位于网页顶端的 Downloads 标签，然后按照你所使用的电脑的类型，选择适用于 Windows 系统或苹果电脑的版本。

www.python.org

请小心地按照网页给出的指示下载安装文件。在下载之前，请一定要征得电脑所有者的同意。此外，在下载的过程中，你还有可能要请电脑的所有者输入密码，并且在他的帮助下，按照提示操作，完成下载。

 →

下载完成之后，你就应当可以双击 Python 的安装文件了。在使用 Windows 系统的电脑和苹果电脑中，由于操作系统的差异，安装文件的图标会有所不同，但无论如何，它都与上方右侧的小图标十分相似……

……接下来，请单击 IDLE 的图标。如果下载的过程没有出现问题，那么屏幕上就应当出现 Python 的窗口，其外观应当与下图十分相似……

Python 3.7.2 Shell

```
Python 3.7.2 (v3 7.2:9a3ffc0492, Dec 24 2018, 02:44:43)
[Clang 6.0 (clang-600.0.57] on darwin
Type "help", "copyright", "credits" or "license()" for more information.
>>>
```

⇒ 熟悉 Python

完成安装之后，你就可以在电脑上运行 IDLE 了。Python 拥有两个窗口，分别是"代码窗口""主程序窗口"。这两个窗口的外观十分相似，所以你必须把它们区分开来，放在电脑屏幕的不同位置上，不要搞混了。

⇒ 主程序窗口

Python 3.7.2 Shell

```
Python 3.7.2 (v3 7.2:9a3ffc0492, Dec 24 2018, 02:44:43)
[Clang 6.0 (clang-600.0.57] on darwin
Type "help", "copyright", "credits" or "license()" for more information.
>>>
```

运行 IDLE 后，主程序窗口会首先出现在屏幕上。作为一个初学者，你会发现，几乎所有的代码都必须在代码窗口中输入，而输出（编写代码的结果）则会出现在主程序窗口中。如果在主程序窗口中直接输入代码，那么回车之后，输出就会马上在主程序窗口中出现。

现在，请前往主程序窗口，单击位于左上角的"File"，之后再单击"New File"命令。

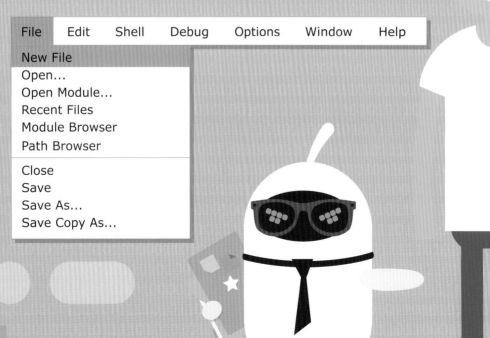

File	Edit	Shell	Debug	Options	Window	Help

New File
Open...
Open Module...
Recent Files
Module Browser
Path Browser

Close
Save
Save As...
Save Copy As...

➤ 代码窗口

此时，你就会发现，代码窗口出现在了屏幕上。在窗口中输入下列代码……

```
print（'早上好，Python！'）
```
Ln: 1 Col: 29

在 Python 中，print 指令相当于 Scratch 中的"说你好！"积木。一定要注意，print 在作为指令使用时，所有的字母都必须是小写字母。

先在括号内输入一对''，然后再在''内输入你想要展示的信息。

完成上述代码的编写之后，你就可以单击"File"，然后选择"Save As"命令，将程序文件命名为"早上好"。接下来，就请前往"Run"标签，单击其下的"Run Module"命令。

| File | Edit | Format | **Run** | Options | Window | Help |

Python Shell
Check Module
Run Module

这时，你就会发现，刚刚编写的 Python 代码出现在了主程序窗口中。干得漂亮——你已经编写、运行了自己的第一条 Python 代码！

```
早上好，Python！
>>>
```

如果没有在代码窗口中保存代码，程序就无法正常地"Run（运行）"。所以说，你要经常保存自己编写的代码。单击"Run Module"之后，主程序窗口中也许会出现错误信息。通常情况下，这都是因为你的代码中出现了拼写错误或输入错误。即便是最不起眼的错误，例如仅仅是将分号错写成了句号，代码也无法正常运行。因此，输入代码时一定要小心谨慎，不要犯错。

| **File** | Edit | Shell | Debug |

New File
Open…
Open Module…
Recent Files
Module Browser
Path Browser

Close
Save

Save As…
Save Copy As…

咬文嚼字

要想用好像 Python 这样的编程语言，你就必须学会如何正确地输入代码，而且还要懂得如何编写指令。下文不仅列出了一些基本的文字、指令，还介绍了它们的作用。这样，你就能直观地了解 Python 的运行原理。

> 命令
窗口

1
```
print（'大家好！'）
```
单引号间的文本会在主程序窗口中出现。

2
```
while True:
    print（'你好！'）
```
此处要有一个空格。

一直不停地说"你好！"，效果与 Scratch 中的"重复执行"积木相同。

3
```
for i in range（10）:
    print（'你好！'）
```
此处要有一个空格。

执行循环，说"你好！"10次。

4
```
from time import sleep
sleep (5)
```
等待 5 秒

5
```
player_1 = 0
```
将名为 player_1 的变量设为 0

6
```
player_1 = player_1 + 1
```
令变量的数值增加 1

7
```
==
```
"等于"运算符合（你还记得自己是如何在 Scratch 中利用绿色的运算积木来进行运算的吗？）

8

```
<
```

"小于"运算符号

9

```
>
```

"大于"运算符号

诀窍

F5 键 是 "Run" 指令的快捷键。在代码窗口编写完脚本后，按下 F5，就可以立即运行刚刚完成的脚本了。

10

```
<=
```

"小于等于"运算符号

13

```
from turtle import *
```

调用海龟绘图的指令、控件。Python 的海龟绘图是一个可以用来画图的库。

11

```
>=
```

"大于等于"运算符号

14

```
a='请'
b='喂'
c='我！'
print (a,b,c)
```

a、b、c 可以是任何你想说的话。

同时添加三个变量。在主程序窗口输入这段指令后按下"回车键"，你就会发现屏幕上出现了"请喂我！"这样的输出。

12

输入第一行代码后，按下"回车键"。

```
from random import randint
randint (1,1000 )
```

完成第二行的输入后，按下"回车键"，你就会发现，Python 在 1 到 1000 中随机选出了一个数字。你可以改变数值的上限和下限，让 Python 在不同的范围内选择数字。

添加随机数值函数。

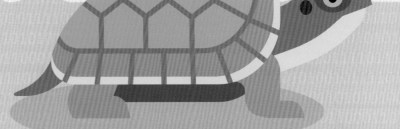

算术高手

高阶的 Python 代码可以用来进行大数值运算，是解决数学问题的利器。许多公司都使用 Python 代码来运算方程式、计算各种数值。下文将教会大家运用 Python 来进行加、减、乘、除运算的基本知识。

请在主程序窗口中输入代码，进行运算。打开电脑上的 IDLE 程序，你就会发现屏幕上出现了如下图所示的界面。在 ">>>" 后输入下面的算式，然后按下 "回车键"，就可以得到答案（运算结果）了。

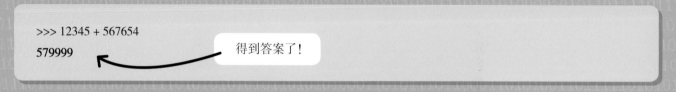

```
>>> 12345 + 567654
579999
```

得到答案了！

键盘上的 "−" 键是 Python 中的减号，而 "/" "*" 则分别是用来进行除法、乘法运算的符号。试着用这四种运算符号进行运算，你就会发现，Python 实在是一个运算速度快得不得了的高手。

− =减号
/ =除号
* =乘号

在主程序窗口中输入下方的这段 Python 代码，你就会发现，它同样也可以完成加法运算指令。由于可以将整个算式表达出来，所以这条指令与简单的计算器有所不同。

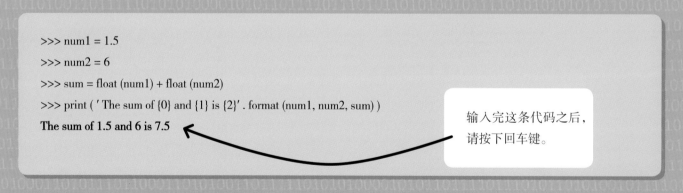

```
>>> num1 = 1.5
>>> num2 = 6
>>> sum = float (num1) + float (num2)
>>> print ('The sum of {0} and {1} is {2}'. format (num1, num2, sum))
The sum of 1.5 and 6 is 7.5
```

输入完这条代码之后，请按下回车键。

如下图所示，在代码中使用括号，Python 就会先对
括号中的算式进行运算，然后再执行剩余的指令。

```
>>> ( 10 / 10 ) * 10
10.0
```

```
>>> 345 * ( 2 + 2 )
1380
```

下面这个例子可以让大家见识一下 Python 令 Scratch 望尘莫及的强大运算功
能。在主程序窗口中输入下列代码。这段代码的作用是，分别计算数字 9、
16、100 的平方根。两个相同的数字相乘之后会得到一个结果，这两个相同
的数字就是结果的平方根。所以说，9 的平方根是 3，因为 3 乘以 3 的结果是 9。

```
>>> import math
>>> value1 = 9
>>> value2 = 16
>>> value3 = 100
>>>
>>> print (math.sqrt(value1) )
3.0
>>> print (math.sqrt(value2) )
4.0
>>> print (math.sqrt(value3) )
10.0
```

这段代码的作用是调
用 Python 的数学函数。

输入这段代码后，按下"回
车键"，就可以得到与数
值相对应的运算结果了。

数字无处不在，
数学知识多多
益善！

> 拜访图书馆

大家可以前往 Python 事先准备好的程序集，即 Python 的库（图书馆），调用其中的代码。这样一来，你就不用花费大量的时间，每次都要编写新的代码了。本书已经提到了一些库，例如海龟绘图、数学函数。下面，大家将会了解到 Python 还有哪些其他常用的库，以及它们都具有什么样的功能。

>>> PYGAME

"pygame"是一个了不得的模块，是程序员编写电脑游戏代码的好帮手。调用这个模块之后，你就能使用包括视觉效果、音效等在内，各种各样酷毙了的特效了。

>>> TIME

除了能够给出日期和时间，"time"模块还能回答许多其他的随机问题，例如从今天开始计算，267 天之后的那天是几号。"datetime""calendar"模块是与"time"模块功能类似的模块。

>>> TKINTER

高级程序员会使用"tkinter"模块，帮助他们将用户与程序连接起来。

>>> SOCKET

"socket"模块可以利用互联网，将数台电脑连接成一个网络。该模块利用"服务器"与"终端机"来实现网页浏览功能。

>>> MAILBOX

"mailbox"模块及其下属模块能帮助程序员访问电子邮箱，获取邮箱内的信息。

>>> WXPYTHON

"wxpython"是 Pythoh 提供的一个用于图形用户界面（GUI）开发的库，可以让程序员插入用户界面控件。用户界面控件有文本框、图片等。

>>> WINSOUND

如果你的电脑使用的是 Windows 操作系统，那么你就可以使用"winsound"来调用一系列基本的音效，例如最基本的"滴滴"声。

>>> CSV

CSV 是"逗号分隔值（Comma Separated Values）"的简写。使用 excel 的电子数据表、数据库功能时，CSV 是一种极受欢迎的模块。

```
>>> import time
```

要想调用库中的指令，只需前往代码窗口，在代码的开头处写下"import"，然后再输入库的名称就可以了。

库清单

勾选下表中你已经使用过的库，然后针对每种库，写出你认为最有用的功能！

☐ pygame

☐ time

☐ tkinter

☐ socket

☐ mailbox

☐ wxpython

☐ winsound

☐ csv

变量与字符串

变量与字符串是 Python 代码的两大重要组成部分。它们在脚本中组成不同数据类型的指令。此外，数字与布尔值（一种非真即假的值）同样也是重要的数据类型。

>>> 字符串

如果你在窗口中按照一定的顺序输入了一系列的字符，那么你输入的就是一个字符串。字符串中的字符既可以是字母，也可以是数字，还可以是标点，亦可以是各种符号——换言之，任何可以用键盘输入的符号都可以用来组成字符串。字符串两端的引号既可以是单引号，也可以是双引号，但你必须保证在同一段代码中只使用一种引号（要么是单引号，要么是双引号）。只不过，与双引号相比，使用单引号会让代码显得更加整洁。

你在第 61 页上做的简单练习是你编写的第一段 Python 代码，而这段代码则恰好就是一个字符串。下面，请大家前往主程序窗口，输入另一段字符串：

```
>>> a = '几点了？'
>>> b = '已经快下午五点半了！'
>>> c = '比赛五点半就开始了。我们要快点出发了！'
>>> d = a + b + c
>>> print (d)

几点了？已经快下午五点半了！比赛五点半就开始了。
我们要快点出发了！
```

这段代码是一个例子，展示了如何将几个字符串连在一起，组成一整段输出。代码将 a、b、c 三个变量中的字符串连在了一起，组成了变量"d"。

>>> 字符串小诀窍

输入字符串时，不要在其中添加撇号，因为 Python 会把它当作单引号（'），从而误认为其后的字符是一条指令。所以说，你要在撇号前添加"\"符号，来帮助 Python 区分符号的不同作用。

Python 能够告诉你代码中的数据属于什么类型。继续编写上一页的代码，添加下图所示的代码后，按下"回车键"：

```
>>> a ='几点了？'
>>> b ='已经快下午五点半了！'
>>> c ='比赛五点半就开始了。我们要快点出发了！'
>>> d = a + b + c
>>> print(d)

几点了？已经快下午五点半了！比赛五点半就开始了。我们要快点出发了！

>>> type ('a')
<class' str' >
```

"class' str'"的意思是，所选数据是一个字符串。

输入"type"（类型）命令，然后再输入脚本中使用的任意数据；在上图的示例中，数据的名称是"a"。

>>> 变量

在 Python 中，变量是用来命名及储存（即让程序记住）与文本或数字相关的信息的地方。我们可以把字符串存入变量，令变量拥有与自己对应的值。输入变量的名称之后，接下来必须按下键盘上的等号键（=），然后再输入与这个变量对应的值。

```
>>> 长度 =5
>>> 宽度 =10
>>> 面积 = 长度 * 宽度
>>> print ('面积是',面积)
面积是 50。
```

这个字符串变成了数值为5的变量。

这个字符串变成了数值为10的变量。

命令 Python 显示面积的大小。

告诉 Python，如果想要计算出面积，就必须将长度、宽度的数值相乘。

猜数字游戏

在本项目中，大家将试着编写长一些的 Python 代码。这看起来也许会让人晕头转向，但如果将代码分解开来，你就会发现，每一行代码都很有道理！完成本项目之后，你就能玩用 Python 编写的游戏了。游戏开始后，你会获得一定数量的机会，看看自己能不能猜到程序挑选的随机数字。祝你好运！

```python
import random
guessesTaken = 0
print（'你好'）
number = random.randint（1, 10）
print（'我心里正想着一个大于 1，小于 10 的数字'）
while guessesTaken < 3:
    print（'你能猜到吗'）
    guess = input（）
    guess = int（guess）
    guessesTaken = guessesTaken + 1
    if guess < number:
        print（'你猜的数字太小了'）
    if guess > number:
        print（'你猜的数字太大了'）
    if guess == number:
        break
if guess == number:
    guessesTaken = str（guessesTaken）
    print（'干得漂亮！你只用了' + guessesTaken + '次就猜出了正确的数字！'）
if guess ! =number:
    number = str（number）
    print（'太可惜了，我心里想着的数字是' + number）
```

本行的"print"指令前必须要有 4 个空格；输入之后的四行代码前，也都必须先空出 4 个空格。

来自 "#" 号的帮助

程序员经常会在 Python 代码中添加有用的注解、解释，方法为用 # 开头，然后输入帮助信息。看到帮助信息后，使用代码的其他程序员就能了解到特定代码的特殊作用了。例如，你可以在本项目代码的最开头处输入 "# 快来试试这个有意思的猜数字游戏吧！" 如果一行字符的开头是 "#"，那么 Python 就会完全忽略这行字符，不会把它们当作可以运行的代码。

```python
if guess ! =number:
    number = str (number)
    print ('太可惜了，我心里想着的数字是' + number)
# 快来试试这个有意思的猜数字游戏吧！
```

运行电脑上的 IDLE 程序。这一次，你需要在代码窗口中输入项目所需的代码。首先前往主程序窗口的 "File" 标签，单击 "New File" 命令，打开一个新的代码窗口，输入代码，然后单击代码窗口中的 "File"，选择 "Save As" 命令，将代码保存为名为 "猜数字" 的文件。需要提醒大家的是，如果在最开始的时候没有保存代码，一旦电脑死机，你就有可能失去所有已经编写好的代码。此外，保存的另一个好处是，你可以一边编写，一边分段运行代码，从而确保每一段代码都没有出现问题。

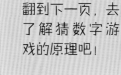

诀窍

仔细输入，无论是哪一个字符都不能出错。一定要按照上一页给出的示例来区分大小写，所有的引号、分号等标点符号也必须与示例完全一致。如果运行代码时主程序窗口中出现了红色的错误信息，这多半是因为你犯了拼写错误。

本行的 "print" 指令前必须要留出 8 个空格。

翻到下一页，去了解猜数字游戏的原理吧！

完成输入后，再次保存代码。然后，前往 "Run" 标签，单击 "Run Module" 选项，如果输入无误的话，你就可以开始玩猜数字游戏了。

⇒ 猜数字游戏的原理解释

能让上一页的游戏运行得一切正常，干得漂亮！
你也许用了不少时间，才将代码全部输入完毕的吧！
别担心，使用 Python 练习编程的时间越久，你就会
变得越有信心，越来越得心应手。

运行刚刚编写好的代码时，主程序窗口中应当出现与下图相似的文字……

你好
我心里正想着一个大于 1，小于 10 的数字
你能猜到吗
4
你猜的数字太小了
你能猜到吗
5
你猜的数字太小了
你能猜到吗
6
干得漂亮！你只用了 3 次就猜出了正确的数字！

现在，就让我们一步一步地分解本项目的
Python 代码，深入了解这些代码的具体含义。

```
import random
```

＝ 这是一个十分重要的语句，作
用是将"随机数"模块导入程序。

```
guessesTaken = 0
```

= 建立一个名为 guessesTaken 的新变量。这个变量的作用是，储存玩家猜测的次数。游戏刚开始时，玩家还没有做出任何猜测，所以与变量对应的数字（整数）是 0。

```
print ('你好')
```

= Python 代码向玩家说的第一句话。

```
number = random.randint (1, 10)
```

= 这是一条指令，作用是调用名为 randint（ ）的函数。按照这条指令的内容，玩家必须在 1 ~ 10 之间猜数字。你可以随意调整这两个数值，例如，你可以增加游戏的难度，把最小值改为 –1，把最大值改为 1000。

```
print ('我心里正想着一个大于 1，小于 10 的数字')
```

= 本条指令的作用是，在用"你好"向玩家打招呼之后，向玩家传达与游戏相关的信息。所传达的信息是，程序正按照上一行指令的指示，想着一个大于 1，小于 10 的数字。

```
while guessesTaken < 3:
```

= 本条代码是 while 语句，其中一共有两个数值，一个是储存在变量 guessesTaken 中的数值，另一个是整数 3，将两者连在一起的是一个具有比较功能的运算符号，即意为"小于"的 < 号。本行代码的运作方式与"真假"语句十分相似。

```
print ('你能猜到吗')
guess = input ( )
```

= 本条代码的作用是，让玩家对随机数字进行第一次猜测。程序会将玩家做出的猜测存入名为 guess 的变量中。

```
guess = int (guess)
```

= 调用 int ( ) 函数，其作用是将参数转换为整数。

```
guessesTaken = guessesTaken + 1
```

= 本段代码像一个循环，其作用是每当玩家做出一次猜测以后，令程序将猜测的次数增加1。

```
if guess < number:
    print ('你猜的数字太小了')
if guess > number:
    print ('你猜的数字太大了')
```

= 上方的几行代码中含有 if 语句，作用是判断玩家猜测的数字是小于还是大于正确的答案。

```
if guess == number:
    break
```

= 本段为含有 break 语句的代码，其作用是检查玩家的猜测是否与正确答案相等，若相等则终止循环。

```
if guess == number:
    guessesTaken = str ( guessesTaken)
    print ('干得漂亮！你只用了' + guessesTaken + '次就猜出了正确的数字！')
```

= 如果上一段代码中的 if 语句得到的结果是"真"，那么程序就会运行这几行代码。本段代码使用了 str ( ) （字符串）函数，作用是展示玩家猜测的次数。

```
if guess ! = number :
    number = str (number)
    print ('太可惜了，我心里想着的数字是' + number)
```

= "! ="的意思是与作为比较对象的数值"不相等"，本段代码的含义是如果玩家最后一次的猜测与正确答案不相等，则告知玩家正确的答案。

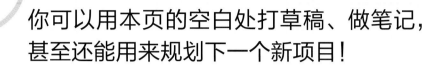

你可以用本页的空白处打草稿、做笔记，甚至还能用来规划下一个新项目！

⇛ 编码能力小测试！

现在，就让我们来做个小测试，看看你都掌握了哪些编写程序的本领。所有的问题考查的都是与 Scratch 和 Python 相关的知识。不要担心，相信你在阅读本书的过程中，已经了解了这些知识。下面，就请破解代码，回答这 10 道测试题吧！祝大家好运！

1 缩写 **MIT** 的意思是什么？

A. 密歇根国际科技
（Michigan International Technology）

B. 麻省理工学院
（Massachusetts Institute of Technology）

C. 今天没戏了（Mission Impossible Today）

2 Scratch 主页的名称是……

A. 界面

B. 整数

C. 调色板

3 如果想要改变角色的外观，那么你就应该首先单击哪个标签呢？

A. 文件

B. 声音

C. 造型

4 Scratch 的"侦测"积木是什么颜色的呢？

A. 粉色

B. 黄色

C. 蓝色

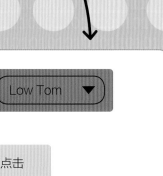

5 在 Scratch 中，代表水平位置和垂直位置的分别是哪两个字母？

A. x、x

B. y、u

C. x、y

6 "重复执行 次" "重复执行" 属于哪一种类型的积木？

A. 循环

B. 项目

C. 运行

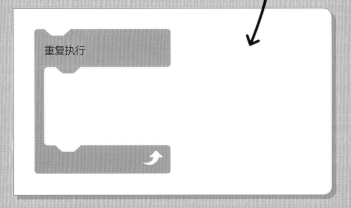

7 Python 会用到哪两种类型的窗口？

A. 字符串、数值

B. 代码、主程序

C. 变量、播放

8 如果想要在运行 Python 程序的时候展示某条指令，那么你就应当首先输入哪一个单词？

A. return

B. print

C. import

9 如果你编辑了其他 Scratch 程序员编写的项目，那么你的行为就会是？

A. 再创作

B. 抓挠

C. 乱搅

10 下方的积木是哪一种类型的 Scratch 积木？

A. 教程

B. 运算

C. 运动

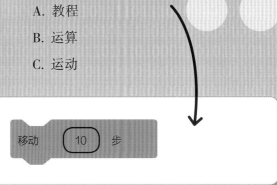

答案：1. B；2. A；3. C；4. B；5. C；6. A；7. B；8. B；9. A；10. C

➤ 编码术语

背景

即 Scratch 角色的活动场所。程序员可以在"背景库"中进行选择。

书包

Scratch 提供的储存工具，只需将角色和脚本拖入其中，就可以把它们保存下来，在编写其他程序时直接使用，从而节省大量的时间。

积木

Scratch 提供的现成的代码块，程序员只需将不同颜色的代码块搭建起来，就可以轻而易举地编写出 Scratch 程序。

造型

可以编辑角色外观的标签。

添加扩展

位于界面的左下角，单击进入以后，可以选择包括音乐、视频侦测、文字朗读在内的诸多功能。

IDLE

Integrated Development and Learning Environment 的缩写，意思是"集成开发与学习环境"。运行该程序后，程序员就可以编写 Python 代码了。

界面

Scratch 的主页，无论是创建新的项目，还是选择不同的信息、指令，都离不开它。

我的东西

Scratch 用来储存用户创建的项目的地方，还可以让使用者向其他的用户分享自己创建的项目。

离线

指 Scratch 程序员使用没有互联网连接的电脑编写 Scratch 程序的情形。

在线

指 Scratch 程序员使用有互联网连接的电脑编写 Scratch 程序的情形。

积木调色板

位于界面的左方，程序员可以在编程时将其中的积木拖入脚本区。

print

使用 Python 编程时，其作用是，让电脑在屏幕上输出文本。

程序员

指通过编写可以执行的代码来向电脑下达命令的人。

项目

用 Scratch 编写的程序。种类多样，包括游戏、动画、视频、音乐等，不胜枚举。

Scratch 程序员

用来描述使用 Scratch 编程的人的术语。

脚本

在 Scratch 中，指拼接在一起的一组积木，可以向电脑下达指令。

主程序窗口、代码窗口

使用 Python 编程时电脑屏幕上出现的两种类型的窗口。

角色

Scratch 使用的图片，可以执行多种多样的指令，例如移动、发出声音、玩游戏等。它们都储存在"角色库"中。

舞台区

位于界面的右侧，是程序员完成脚本的编写以后，用来展示代码运行结果的地方。

上传

在用 Scratch 编程的时候，用户将个性化的角色、背景、造型传送至项目中的过程。

变量

在 Python 和 Scratch 中均有使用，指用来储存会发生变化的信息的场所。

➤ 索引